雪　茄

〔美〕巴那比·康拉德三世 ◎ 著

四川中烟工业有限责任公司 ◎ 译

华夏出版社
HUAXIA PUBLISHING HOUSE

导　语

马杜罗、科那罗、沃斯古罗、好友蒙特雷、罗布图——雪茄的词汇与其香气一样诱人。诗人们把抽一支上等雪茄的乐趣比作激情之吻，而鉴赏家们则说雪茄的味道就像美酒的芬芳。乔治·桑明智地指出，一支雪茄可以"让孤独的时光充满无数优雅的事物"。对于雪茄爱好者来说，这是感官的终极盛宴——一场具有奢侈仪式的庆典，这种仪式已在世界各地流行了几个世纪。

从克里斯托弗·哥伦布将烟草引入欧洲各国都会开始，正如小说家伊塔洛·卡尔维诺所观察到的那样，雪茄就具有声望、成功和"社交能力"的永恒属性。巴那比·康拉德三世富有趣味地讲述了雪茄迷人的社会、政治和文化历史。19 和 20 世纪，许多有影响力的人物都抽雪茄，包括温斯顿·丘吉尔、约翰·肯尼迪、阿尔伯特·爱因斯坦、西格蒙德·弗洛伊德和格劳乔·马克斯。抽雪茄一度被认为主要是男性消遣活动，但如今它已经跨越了社会障碍，受到世界各地时尚女性的欢迎。

本书汇集了关于雪茄的彩色和黑白照片、电影剧照、漫画和文学作品节选，让人一口吸进关于雪茄的各方面知识，正如弗朗茨·李斯特（Franz Liszt）评论古巴雪茄时所说，"可以关上通向庸俗世界的大门"。

本书编译组

编　译　李东亮　吉笑盈　胡婉蓉　贾　云
审　稿　李东亮

序　言

1492 年 10 月 28 日，哥伦布率领探险队到达美洲。他们看到当地的印第安人，无论男女，都衔着一根点燃的"木头"，并吸入它们的烟气。那就是现代雪茄的雏形。随后哥伦布将雪茄引进了欧洲大陆。从进入文明社会的第一天起，雪茄就是富人们的宠儿，是品位和财富的象征。浪漫主义诗人拜伦曾经说过："给我一支雪茄，除此之外，我别无所求。"历史上，丘吉尔、卡斯特罗、肯尼迪、海明威等无一不是雪茄的忠实拥趸。在享受雪茄的过程中，人们可以感知高雅、浪漫、智慧、灵感、激情和肆意。

近年来，随着我国经济的持续发展和人民生活水平的不断提高以及对外交流的日益扩大，国内雪茄市场也日渐成熟。越来越多的消费者开始接受雪茄文化，并主动寻找适合自己的雪茄产品，这极大地促进了国内雪茄市场的发展。据统计，近十年来我国雪茄年均销量增幅一直保持在 40% 以上。雪茄产业的潜力日益凸显，在烟草行业未来发展格局中的优势也越来越受到认可和重视。相信在不久的将来，中国雪茄将成为世界雪茄版图中的重要组成部分。

为了让更多的消费者了解雪茄文化，四川中烟有限责任公司组织翻译了《雪茄》这本书。该书主要包含七个章节，分别

雪　茄

是"早期历史""政治、权力和雪茄""文学、好莱坞和艺术中的雪茄""古巴的神秘""雪茄遍布世界""女性和雪茄""雪茄的选择与品吸"。第一章主要介绍了雪茄的起源和早期历史，并全面讲述了雪茄如何走向现代文明社会；第二章介绍了各国政客对雪茄的热衷，以及雪茄在政治和权力中扮演的重要角色；第三章介绍了雪茄在文学和艺术发展历程中的作用；第四章则通过作者亲身经历，带领读者走进神秘的古巴，了解雪茄工厂、雪茄品牌和雪茄的卷制工艺；第五章揭开了雪茄在世界舞台中的发展历程；第六章主要和读者分享了热爱雪茄的女性们的故事，打破人们对雪茄爱好者的古板印象；第七章介绍了如何选择和品吸雪茄，帮助读者快速走进雪茄世界。

全书由李东亮策划、校对和定稿，由吉笑盈、胡婉蓉和贾云编译。由于时间仓促，加之水平有限，如有不妥之处，敬请批评指正。

烟草行业雪茄发酵工艺重点实验室

2021 年 11 月

目　录

一个弥漫着烟气的介绍

"如果在天堂我不能抽烟，那么我就不去天堂。"

——马克·吐温

维多利亚女王是一位对烟草充满敌意的禁烟政策推动者。1901 年她去世时，她的儿子、王位继承人爱德华七世，一个狂热的雪茄爱好者，将他的密友召集到白金汉宫。当这些人在一间大客厅里等候新国王时，爱德华七世手持点燃的雪茄走了进来。"先生们，"他宣布，"你们可以抽烟了。"

爱德华是众多被雪茄魅惑的狂热爱好者中的一员。一提到雪茄这个词，诱人的画面就会在脑海中盘旋——在爱德华时代的宴会上，每个男人都留着髭须，戴着桂冠，还有一支燃烧的雪茄；在傍晚的赛马场上；在哈瓦那热带风情夜总会的露天表演中；和一个名叫唐·维托的人在曼哈顿

的"小意大利"漫步；在任意一张温斯顿·丘吉尔的照片中；在伦敦的大雾中呼啸而过的阿斯顿·马丁车上；在落基山脉的马背上安静地抽一口；德国男爵夫人在瑞士滑雪胜地格斯塔德说"我也想抽一口"；在婴儿降生的时候；在圣安德鲁斯的雨中打高尔夫，和球童费格斯一起友善地抽上一支；在午夜，点燃一支雪茄，再打开一瓶 1959 年的拉菲。

雪茄是一种有机体，一种高雅的资产阶级艺术形式，一种国际性商品，一种承载着如此多维度的神话标志，我们永远无法理解、爱或者为它们辩护。想想那些举着雪茄做出的夸张的动作吧！在科尼格拉茨战役中，俾斯麦走过大屠杀现场，打算

史蒂芬·马拉美肖像。爱德华·马奈刻画了诗人在烟气中陷入遐想的情景。（Muste d'Orasy, Paris）

维多利亚女王反对所有的烟草制品。（Bettmann Archive）

再抽最后一支雪茄，但他看到一个受了致命伤的龙骑兵，他点燃了雪茄，放进了这个可怜人的嘴里；拿破仑时期，马歇尔·内伊元帅即将被自己的部下处决，他要求最后抽一口雪茄，这个请求现在已被公认为死刑犯的权利；意大利政治家马齐尼向前来暗杀他的人赠送

拿破仑时期的元帅马歇尔·内伊被处决之前要求抽一支雪茄。（Corbis/Bettmann）

雪茄，这使那些恶棍深受感动，纷纷跪下请求他的原谅；阿尔弗雷德·丁尼生在访问威尼斯时对它的魅力不屑一顾，因为"那里没有优质雪茄，大人；所以我离开了那个令人厌恶的地方"。

雪茄在许多伟人的私生活和公共生活中都扮演着标志性的角色。人们已经记不清温斯顿·丘吉尔不抽雪茄的样子了，他的嘴里总是叼着一支大尺寸的上等古巴雪茄。尤利西斯·辛普森·格兰特抽着雪茄经历了南北战争的每一场战役。西格蒙德·弗洛伊德将他的精力充沛和身体健康归功于每天抽15支雪茄。爱因斯坦抽着雪茄思考能量、质量和时间。雪茄在文学领域的扬名要感谢马克·吐温和拉迪亚德·吉卜林。妇女们也喜欢哈瓦那雪茄。早期女权主义者乔治·桑曾说："雪茄是优雅生活方式的完美补充。"而她的情人阿尔佛雷德·德·缪塞曾对同事说："所有抽雪茄的人都是朋友，因为我知道他的感受。"

几乎世界上每个国家都有人抽雪茄，但烟草——以及抽烟行为——来自新大陆。1492年，哥伦布发现加勒比土著人吸烟。当科尔特斯走

维多利亚女王死后，英国国王爱德华七世说出了这句幸福的话："先生们，你们可以抽烟了。"（Library of Congress）

进蒙特祖玛的宫殿时，他被阿兹特克祭司们吸引，他们通过吸烟仪式与神灵交流。早期的欧洲探险家把烟草带到西班牙和葡萄牙的豪华宫殿，烟草象征着美洲的财富。

19世纪的欧洲迎来了雪茄的第一个黄金时代。大名鼎鼎的塞维利亚雪茄制造商一直对雪茄制造方法秘而不宣，直到拿破仑在西班牙发动战役。在很短的时间内，"雪茄"——最初被称为seegars——就风靡了伦敦和巴黎。作曲家弗朗兹·李斯特旅行时总是带着一堆装满雪茄的双层杉木盒，他曾经极度赞誉

格劳乔·马克斯在1932年的派拉蒙电影《马羽》中饰演昆西·亚当斯·瓦格斯塔夫教授，与罗伯特·格里格合作（Culver Pictures）

作曲家弗朗茨·李斯特曾经热情地谈论道："一支优质的古巴雪茄可以关上通向庸俗世界的大门。"（Bettmann Archive）

道："一支优质的古巴雪茄可以关上通向庸俗世界的大门。"李斯特在人生的最后阶段进了修道院，他恳求院长允许他抽雪茄。牧师同意了，也许他相信俗世的快乐有时会带来天国的启迪。

漫画家描绘天才工作时会在他们头上加上一盏发光的灯泡，但我认为一缕雪茄烟更能代表伟大的洞察力。在 20 世纪，托马斯·爱迪生在门洛帕克，西格蒙德·弗洛伊德在维也纳，道格拉斯·麦克阿瑟将军在太平洋战役中，都曾吸食过雪茄。蓝色的烟云在艾拉·格什温、奥森·威尔斯和亨利·路易斯·门肯的头顶盘旋，查理·卓别林在《淘金热》中扮演的流浪汉抽雪茄，W. C. 菲尔兹、格劳乔·马克斯、杰克·本尼和爱德华·G.罗宾逊等好莱坞明星也经常在大银幕上吞云吐雾。

小说家伊塔洛·卡尔维诺认为，雪茄体现了"声望、成功和才干的永恒属性"。自从雪茄问世以来，它一直是国王、政治家、政客、金融家、企业大亨和黑社会的知名玩物。然而，在一些批评家看来，雪茄意味着不受控制的权力、自负的个体、贪婪的崇拜和暗箱操作的秘密交易。我说，太不公平了。真正爱雪茄的人

摘自《隐形人》(the Invisible Man)

赫伯特·乔治·威尔斯（1897）

（UPI/Bettmann）

吃完一顿丰盛的晚餐后，隐形人要了一支雪茄。在肯普找到刀之前，他野蛮地咬了一口，当茄衣松开时，他咒骂起来。看他抽烟很奇怪，他的嘴、喉咙和鼻孔像一团旋转的烟雾一样清晰可见。

"吸烟是值得赞美的恩赐！"他说着，并用力地吸了一口。"我很幸运能碰上你，肯普。你必须帮助我。真想不到刚才摔倒在你身上！我的处境很艰难。我想我是疯了。看我所经历的一切！但我们还是会干点儿什么。让我来告诉你——"

他又给自己倒了些威士忌和苏打水。肯普站起身来，环顾四周，从他的空房间里拿了一只玻璃杯给自己。"很疯狂，不过我想我可以喝。"

"这十几年来，你没怎么变，肯普。你们这些公平的人不会这样。冷静而有条理——在第一次崩溃之后。我必须告诉你。

我们得一起努力！"

"你都做了什么？"肯普问，"你怎么变成这样了？"

"看在上帝的分上，让我安静地抽一会儿雪茄吧！然后我就告诉你。"

但那天晚上这个故事并没有被讲出来。隐形人的手腕越来越疼，他发烧了，有气无力的，他又想起了他向山下追赶和在旅店里打架的情景。他说话断断续续，雪茄抽得更凶了，他的声音越来越愤怒。肯普尽量收集他能获得的信息。

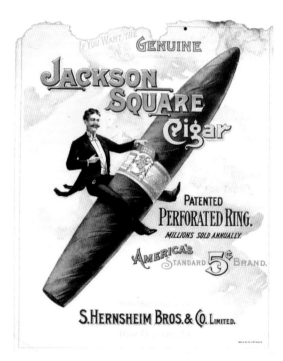

这是世纪之交新奥尔良市（New Orleans）一家雪茄公司的奇特广告。（Dinkins Collection, Inc., c/o Archives Inc., New Orleans）

电影《让我们相爱吧》中与米尔顿·伯利"搭档"的是"斯托吉"雪茄（stogie，一种廉价的细长雪茄）。（Culver Pictures）

不仅把雪茄看作味蕾的天堂，而且把它看作友谊、快乐分享、激情智慧和慷慨善意的关键。雪茄已经成为男性在军事战斗、商业交易、扑克游戏、成人礼、男性聚会和婚礼等仪式中的附属品。以前，老板在给员工升职的时候都会给他们发雪茄。我们的父辈和祖父所处的世界是多么不同啊！

我们的时代是一个充满怀疑的时代，世界分为谄媚的吸烟者和摆手的不吸烟者。众所周知，过量吸烟有害健康。然而，适度地抽雪茄确实有助于缓解压力（越来越多的医生和保险公司意识到了这一点）。"香烟是要一根接一根地抽，雪茄则必须一次抽一支，平和地，利用世界上所有的闲暇时间品味。"

古巴小说家吉列尔莫·卡夫雷拉·因凡特说，"香烟是瞬间的，而雪茄是永恒的。"

1964 年，也就是卫生局局长发布关于吸烟与健康的具有转折意义报告的那一年，美国人消费了 90 亿支雪茄（大部分是机器制造的）。到 1992 年，美国的雪茄消费量下降到每年 20 亿支。然而今天，世界正在经历一场雪茄复兴。1992 年，《葡萄酒观察家》杂志（The Wine Spectator）的出版人马文·山肯创办了《雪茄迷》（Cigar Aficionado），这是一个超大版的精美杂志。"我们没有预算，"杂志创刊的第二年，山肯写道，"甚至没抱任何期望。"该杂志的读者群从创办第一年的 4 万飙升至目前的 25 万，并且仍在上升，就像享乐主义者发出的烟雾信

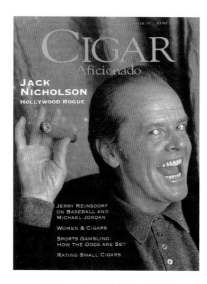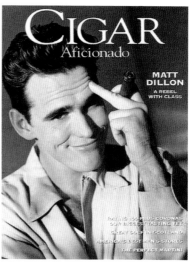

杰克·尼克博尔森（左）开始抽雪茄，以戒掉吸烟的习惯。电影明星马特·狄龙（右）出现在 1996 年《雪茄迷》的封面上。

号 [它的竞争对手《烟》(*Smoke*) 于 1995 年底首次亮相。同年，一部名为《烟》(*Smoke*) 的电

影大获成功，一匹名字叫"雪茄"的纯种马成为年度最佳赛马]。

　　《雪茄迷》是近十年来最成功的初创杂志之一，它重振了雪茄行业，并为全世界的雪茄烟民提供了一个论坛。从麦迪逊大道（Madison Avenue）到罗迪欧大道（Rodeo Drive）的美国雪茄商人注意到，年轻男女对雪茄的兴趣正在复苏。伦敦和巴黎也有类似的报道。根据美国政府的统计，1992 年只进口了9900 万支雪茄。但突然间，美国的雪茄进口量在 1993 年上升

布斯作品，©1973 年，纽约客杂志社。（The New Yorker Magazine, Inc.）

到 1.09 亿支，1994 年上升到 1.25 亿支，1995 年达到 1.74 亿支，预计 1996 年的数量将超过 2 亿。这些数据还不包括在美国国外购买并走私到国内的大约 600 万支非法古巴雪茄（通常在上流社会供私人消费）。每个月都会出现新的雪茄品牌和零售店。

约伯恩·霍华德·康拉德，我的曾祖父，拍摄于 1905 年。他是蒙大拿州的养牛大亨，于世纪之交在育空地区（Yukon Territory）创建了金矿小镇康拉德城（Conrad City）。

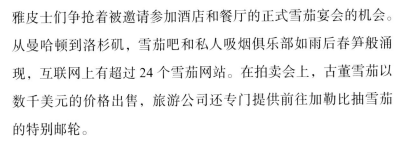

雅皮士们争抢着被邀请参加酒店和餐厅的正式雪茄宴会的机会。从曼哈顿到洛杉矶，雪茄吧和私人吸烟俱乐部如雨后春笋般涌现，互联网上有超过 24 个雪茄网站。在拍卖会上，古董雪茄以数千美元的价格出售，旅游公司还专门提供前往加勒比抽雪茄的特别邮轮。

这种复兴似乎是对现代文明的直接回应。在现代文明中，电话、电子邮件和交通堵塞已经把一天——也就是你典型的日常生活——刻画成了一系列令人神经紧张、缺乏人性的琐事。正如旧金山金融家史蒂夫·沃辛顿告诉我的那样："一支手工制作的雪茄是对暴怒和疯狂的反叛；这是说雪茄可以让人在鲁莽冲动的时候冷静下来，它代表了一场文明革命。"

雪茄既原始又文明。它是城市人的篝火，是日益失去文明的黑暗世界中一盏明亮而欢快的明灯。

你手里的这本书源于我自己对雪茄和雪茄传说的热爱，希望它能带来充满诗意、历史性和艺术性的美妙的、永恒的消遣。

第一章

早期历史

印第安人用一个 Y 形管抽烟，管子的两端插入鼻孔，里面填着燃烧的植物。

——费尔南德斯·奥维耶多
《西印度群岛通史和自然史》，1535

雪茄的历史始于克里斯托弗·哥伦布到达圣萨尔瓦多岛，随后他于 1492 年 10 月 28 日抵达一个叫作古巴的大岛探险。那天，这位发现者在他的日志中写道，他的同行们遇到了许多男性和女性"印度人"，他们携带着"一种由植物制成的点燃的木头，他们习惯吸入这种香味"。

他的一个副官路易斯·德·托雷斯是希伯来语、迦勒底语和阿拉伯语的翻译家，他注意到当地人"拿着一块点燃的煤和一些草，并用器具吸入这种气味，在他们的语言中称其为烟草（tabacos）"。这器具

克里斯托弗·哥伦布不仅发现了新大陆，而且还惊讶地发现当地居民在抽原始雪茄。（Library of Congress）

15

这幅早期的雕刻展示了新世界的人们采摘烟叶，然后把它们塞进坚韧的叶子——或许是棕榈叶——制成的管子里。欧洲人以前从未见过任何形式的吸烟行为。（Musée de la Seita, Paris）

是用植物叶子制成的管状物，里面装满烟草。哥伦布自己观察到，土著古巴人把这种植物称为 cohiba。这个词至今已经存在 500 年了，以 cohiba 注册商标的雪茄，是卡斯特罗时代古巴最优秀的雪茄品牌之一。历史学家强调了同为探险家的罗德里戈·德·谢里斯的作用，他是抽雪茄（或者其他什么烟草）的第一人，他在其后的探险中每天都抽雪茄。

在接下来的 22 年里，哥伦布又三度来到新大陆——这在那个时代是一项不可思议的壮举——他探索了圣萨尔瓦多、古巴、瓜达卢佩、波多黎各、牙买加、委内瑞拉、哥伦比亚、洪都拉斯和后来成为多米尼加共和国和海地的伊斯帕尼奥拉岛等生长着烟草的土地。其他探险家如阿美利哥·韦斯普奇、阿尔瓦雷斯·佩德罗·卡布拉尔和费迪南德·麦哲伦也亲身接触过烟草。一些西班牙历史记载，1518年，科尔特斯首次将烟草带回欧洲；另一些人则将其归功于弗朗西斯科·埃尔南德斯·冈卡，那是在1570年以后。葡萄牙专家说，1520年，埃尔南德斯·德·托莱多把在尤卡坦半岛的塔巴斯哥省（Tobasco province）收获的叶子带回了里斯本。而荷兰人声称，达米恩·德·戈斯从佛罗里达带回了一颗种子，并把它送给葡萄牙国王塞巴斯蒂安。

人们误以为雪茄一词来源于西班牙语 cigaral（cicada）。事实上，它来自古玛雅人。基切部落(Quiche tribe)的编年史《波波儿·乌》（*Popol Vub*）给雪茄起了一个发音为 Jiq 或 Ciq 的名字。西班牙语的雪茄（cigarro）源于玛雅语 Ciq-Sigan。事

雪茄店的木制印第安人像，1895 年左右。（Bettmann Archive）

实上，这个词在口头和书面的传统用语中流传了两个世纪，直到它以 cigale 的形式出现在 1700 年的著作《拉巴特神父》（*Father Labat*）中，随后以 seegar 的形式出现在 1735 年的新英语词典中。因此，贵族雪茄店里的印第安人像是一个非常真实和恰当的烟草象征。

法国驻里斯本大使让·尼古特是一个狂热的烟草爱好者，因此烟草（*Nicotiana Tabacum*）以他的名字命名。他把这种烟草送给了法国的凯瑟琳·德·美第奇，她声称它有药用价值。到了 16 世纪晚期，西班牙、葡萄牙、意大利和英国的享乐主义者对烟草已经很熟悉了。

虽然烟草在旧世界拥有狂热的拥护者，但它也激起了一群

德·拉·拉罗什福科 - 利扬库尔公爵
(The Duc De La Rochefoucauld-Liancourt)

(Bettmann Archive)

德·拉·拉罗什福科 - 利扬库尔公爵举行了有史以来最古老的一次雪茄庆典。1794 年，他被派往美国执行一项特殊任务，即向美国转达法国革命政府的一封信。公爵在他的航海日志中写道：

"雪茄是一种很好的资源。当你必须在船上航行很长一段时间时，你才能明白至少雪茄能给你带来吸烟的乐趣。它能振奋

你的精神。你有什么烦恼吗？雪茄可以排解。你是否有疼痛（或坏脾气）？雪茄能驱散。你是否被不愉快的想法所困扰？抽支雪茄会让人摆脱这些烦恼的心情。你有没有因为饥饿而觉得有点眩晕？一支雪茄就会消除这种饥饿感。如果你被悲伤的想法困扰，一支雪茄会让你忘记它们。最后，难道你不会时不时产生一些愉快的回忆或自我安慰的想法吗？一支雪茄会加强这种感觉。虽然有时它们会熄灭，但值得庆幸的是，我们不需要重新快速点燃它。关于雪茄，我不必多说了。我要用这支雪茄来对我过去的贡献表示一点赞美。"

塞维利亚的王家雪茄工厂闻名世界。（Culver Pictures）

拉里·里弗斯，《荷兰大师与雪茄Ⅰ》，1964年，帆布和混合材质油画，96×67英寸。（Collection of Jacques Kaplan/Courtesy marlborough Gallery, New York）

反对派。

1619 年，根据医生们的意见，英国国王詹姆斯一世谴责烟草是"臭草"，并反对"模仿那些不信神、奴性十足的印第安人的兽性行为"的潮流。其他曾鼓励引进烟草的君主也附和他的观点。教皇乌尔班八世禁止西班牙牧师抽雪茄。苏丹艾哈迈德

纽约印制的一种稀有的美国品牌"Old Sport"商标。（Collection Wayne H. Dunn, Mission Viejo, California）

砍掉了所有被发现抽雪茄的人的鼻子。俄罗斯沙皇米哈伊尔·费奥多里维奇三世、波斯国王阿巴斯一世和奥斯曼苏丹穆拉德四世都反对烟草。1650 年莫斯科的一场大火被随意地归咎于一个吸烟者。在法国，红衣主教黎塞留对烟草课以重税。

从一开始，西班牙人就是雪茄行业的主要缔造者。到 19 世纪初，塞维利亚的王家雪茄工厂经历了惊人的增长。值得注意的是，在南美洲或中美洲没有人制作过我们今天所知的雪茄——这要归功于西班牙人。在此之前，美洲大陆的当地人用棕榈或玉米等植物的叶子来包裹烟草。1831 年，国王费迪南德七世授予古巴人在自己国家生产和销售烟草的权利。岛上很快就挤满了西班牙王室的独家生产商。即使在菲德尔·卡斯特罗执政期间，

这一传统仍在延续，他每年都向西班牙国王胡安·卡洛斯赠送一批标志性的最好的雪茄——近年来是高希霸（Cohibas）和特立尼达（Trinidads）雪茄。直到今天，西班牙仍然是世界上最大的古巴雪茄进口国，并且以最低的价格出售给本国人民。

北美的英国殖民地广泛种植烟草，最初这是为烟斗客准备的。1762 年，在英国军队服役的伊斯雷尔·帕特南从古巴返回康涅狄格州，带回了大量雪茄种子，将这个神奇之物引入了康涅狄格。帕特南是邦克山战役中的英雄，后来成为独立战争中的一名将军。战后，雪茄工厂如雨后春笋般出现在康涅狄格州、宾夕法尼亚州和纽约。Stogie 这个词来自宾夕法尼亚州的科内斯托加（Conestoga），那里有雪茄工厂（后来生产了著名的大篷车，把美国殖民者带到西部）。

帕特南是独立战争中的英雄，他推动了康涅狄格州的烟草工业的发展。（Corbis/Bettmann）

1814 年，在西班牙抗击拿破仑军队的英国老兵把雪茄带回了英国，而法国军队则把它带回了巴黎。1823 年，英国只进口了 15000 支雪茄；到 1840 年，这一数字跃升至 1300 万。它们在资产阶级中很受欢迎，也受到拜伦勋爵、维克多·雨果、查尔斯·

大卫·贝茨，《叼着雪茄的人》，1986 年 7 月，青铜彩绘，16×12³/₄ ×7 英寸，6 版。（John Berggruen Gallery, San Francisco）

波德莱尔以及作曲家乔治·比才和莫里斯·拉威尔的喜爱。在 19 世纪 80 年代，伦敦金融家利奥波德·德·罗斯柴尔德（Leopold de Rothschild）让哈瓦那的好友蒙特雷（Hoyo de Monterrey）工厂生产了一种短而粗的雪茄，这样他能快速享受到浓郁的雪茄味道。

保罗·加米利安（Paul Garmirian）在他的《雪茄品鉴指南》（*The Gourmet Guide to Cigars*）一书中指出，英国进口雪茄的数量仍然很低，因为雪茄作为奢侈品被征收了重税，而烟斗丝则没有。国内生产的英国雪茄——尽管是用进口烟草制成的——

税收则较低。

尽管有关税，塞维利亚的西班牙雪茄在伦敦和巴黎依然很受欢迎，在那里，餐后抽雪茄成了一种传统。一种名叫"迪万"（divans）的吸烟室在伦敦迅速兴起，英国和欧洲的铁路部门也引入了吸烟车。丝制吸烟装开始流行起来，这使得绅士们可以在烟气和烟灰中尽情享受，也不会弄脏他们的华服；吸烟装后来演变成了燕尾服，直到今天，法国人还把燕尾服称为 le smoking（法国仍然是世界上最支持抽雪茄的国家之一）。

内战后，美国的雪茄抽吸率急剧上升，因为很多美国公司生产了使用本土茄衣和哈瓦那茄芯的雪茄产品。长期以来，雪茄和古巴裔美国人的政治混合在一起。从 1881 年到 1895 年，

19 世纪的披肩领吸烟长袍最终演变成现代的燕尾服，在法国它仍被称为 le smoking。（Bettmann Archive）

古巴作家和革命家何塞·马蒂就住在纽约市。当他最终返回古巴，将古巴从西班牙统治下解放出来时，他得到了数千名逃到基韦斯特和坦帕的古巴雪茄制造商的支持。他的谋反计划就卷在雪茄里从基韦斯特送到哈瓦那。第一次革命——在泰迪·罗斯福和驻扎在圣胡安山的美国军队的鼓舞下——取得了成功，虽然它导致了马蒂的死亡，但他直到今天仍被认为是古巴的乔治·华盛顿（60 年后，即1955 年，卡斯特罗的支持者在松岛的古巴监狱将信息隐藏在雪茄中传递给菲德尔）。

1895 年，在何塞·马蒂的领导下，古巴从西班牙手中被解放出来，但他在斗争中失去了生命。他的大部分支持者来自在基韦斯特（Key West）和坦帕（Tampa）工作的流亡古巴雪茄制造商。（Bettmann Archive）

第二章
政治、权力和雪茄

"这个国家真正需要的是一支价值五美分的优质雪茄。"

——托马斯·赖利·马歇尔，美国副总统，1920 年

最著名的抽雪茄的政治家也是我们这个世纪最伟大的人：温斯顿·丘吉尔。1895 年，22 岁的他在古巴哈瓦那驻守期间发现了雪茄。此后雪茄成了他一生的爱好。根据多数统计，他每天至少抽 10 支雪茄，大约每年抽 3000 支，这相当于他一生中抽了 25 万多支雪茄。第二次世界大战期间，古巴雪茄公司每年送他 5000 支雪茄，以确保他有充足的雪茄储备，好应对德国 U 型潜艇造成的运输中断。虽然温斯顿爵士抽过很多种雪茄，但他最喜欢的是一款 7 英寸 48 环径的雪茄。哈瓦那的罗密欧与朱丽叶（Romeo y Julieta）工厂将这种规格命名为丘吉尔，使其名垂千古。

在战争期间，有一次，丘吉尔被要求在一个不耐压机舱进行他的

温斯顿·丘吉尔被任命为不管部大臣的雪茄商标。

第一次高空飞行。根据著名的传记作家马丁·吉尔伯特的说法，当首相在前一天去机场准备配备飞行服和氧气面罩时，他要求为抽雪茄定制一个特殊的面罩；第二天，他在离地面一万五千英尺的地方抽起了雪茄。

在 1941 年出版的回忆录《我是温斯顿·丘吉尔的私人秘书》（*I Was Winston Churchill's Private Secretary*）中，菲利斯·莫尔写道："丘吉尔先生的雪茄取代了张伯伦的雨伞成为英国的国徽。特伦特河畔斯托克的陶器厂正在向美国市场出售按照首相肖像制作的托比杯（Toby jugs），一支雪茄叼在他的牙齿之间，使他有了一种特别好战的表情。当乔治国王和伊丽莎白王后参观陶器厂时，国王带着极大的兴趣查看了托比杯。'我想他抽雪茄的角度不会这么低。'国王郑重其事地说。因此，陶器公司

1941年7月，温斯顿·丘吉尔乘火车周游英国，他的雪茄一直带在身边。丘吉尔每天至少抽10支雪茄，在他一生中总共抽了大约25万支雪茄。（Library of Congress）

在 1941 年的伦敦闪电战中，德国炸弹摧毁了艾尔弗雷德•登喜路在杜克街的著名购物店。在检查了损坏情况后，阿尔弗雷德•H. 登喜路在凌晨 2 点打电话给温斯顿•丘吉尔，告诉他："您的雪茄是安全的，先生。"（Courtesy Alfred Dunhill, London）

的主管们就温斯顿•丘吉尔抽雪茄时的倾斜角度问题召开了紧急会议。"

　　丘吉尔带领英国度过了"至暗时刻"之后，有人提议在多佛的悬崖上建造一座巨大的丘吉尔雕像，并且手里拿着雪茄；他那闪亮的雪茄头可以成为海上船只的旋转灯塔。虽然这座纪念碑从未建造过，但英格兰到处都是丘吉尔的小型雕像，他还出现在克兰斯利教区教堂的彩色玻璃窗中。当然，永远是手拿雪茄的样子。

　　民众很清楚丘吉尔对雪茄的热爱，甚至利用雪茄来对付他。

HENDRICKS.—Ah, Governor, the CAPADURA is a good representative of our party. It is an honest Cigar. IT GIVES VALUE FOR THE MONEY.

CLEVELAND.—Right you are, Senator! Only keep the boys well supplied with them, as I did, and New York is good for another 200,000 majority.

19世纪80年代的漫画，俄亥俄州参议员托马斯•A. 亨利克斯和总统格罗弗•克利夫兰抽雪茄。（Culver Pictures）

在1945年6月的竞选活动中，工党的反对者批评他抽昂贵的雪茄，而普通民众却只有定量供应的卷烟。1947年，英国上议院的一名工党成员乔利勋爵，建议禁止丘吉尔抽雪茄两年，作为对他攻击工党领袖的惩罚。尽管工党占了多数，但该提案在表决时被否决了。

丘吉尔分享着他的激情，并定期向他的朋友——芬兰伟大的作曲家西贝柳斯赠送雪茄，这位作曲家也活到80岁。当客人们比如查理•卓别林和阿尔伯特•爱因斯坦先生参观温斯顿的家——查特韦尔庄园时，他都会用隆重的晚餐和最好的雪茄招待他们。

菲利斯•莫尔回忆说，丘吉尔总是带着几盒长长的、气味浓烈、价格昂贵的哈瓦那雪茄。"他一天大约抽15支，但很少将一支抽到尽头。他享受了雪茄最好的部分之后就将其扔掉。我很少看到他不抽雪茄的样子。女主人们总是抱怨说，无论他走到哪里，都会在她们昂贵的地毯上留下一串雪茄烟灰。"躺在床上看书时，他常常让烟灰掉下来，还会把丝绸睡衣烧出几个洞来。他在床边点着一支蜡烛，以便重新点燃雪茄。

尽管丘吉尔经常喝香槟和白兰地、抽雪茄，菲利斯·莫尔仍夸耀丘吉尔身体很健康。"幸运的是他天生体格健壮。尽管他的生活节奏很快，但是他仍可以自豪地说，即使他60岁了，身体状况仍非常好。他的血压几乎正常。出于某种奇怪的原因，他很喜欢别人给他拍照。这是他为数不多的小癖好之一。"

蒙哥马利子爵（战争时期被称为"蒙蒂"）曾夸口说："我不喝酒，也不抽烟，睡眠很好，这就是我现在百分之百健康的原因。"

丘吉尔发现蒙蒂的虚荣心常常让人难以接受，于是反驳道："我喝得很多，睡得很少，一支又一支地抽雪茄。这就是为什么我有百分之两百的精神状态。"而且他活到了90岁。

在白宫抽雪茄已经是将近两个世纪的传统了。41位总统中有19位曾抽过雪茄（seegars）。乔治·华盛顿在芒特弗农种植烟草作为经济作物，但没有证据表明他抽过雪茄。第二任总统约翰·亚当斯喜欢抽上好的雪茄，他的儿子，我们的第六任总统约翰·昆西·亚当斯也是如此。第一个在新建的白宫里抽雪茄的总统是美国第四任总统詹姆斯·麦迪逊，他一直抽得比较凶，直到1836年于85岁去世（他的妻子多莉在公开场合抽鼻烟）。

安德鲁·杰克逊和他饱受非议的妻子一起抽雪茄。1848年当选总统的墨西哥战争英雄扎卡里·泰勒，不得不独自或与男性朋友一起抽雪茄，因为他的妻子抱怨雪茄让她生病。在和杰克逊一起抽雪茄的人中，

约翰·亚当斯和他的儿子约翰·昆西·亚当斯是美国早期抽雪茄的总统。（Library of Congress）

被称为"老山核桃"（Old Hickory）的安德鲁·杰克逊总统在白宫与妻子一起抽雪茄。

An "OLD SOLDIER," left by GEN U. S. GRANT, at
HOUSEWORTH'S PHOTOGRAPHIC STUDIO,
12 MONTGOMERY STREET, - - - - - SAN FRANCISCO, CAL.

尤利西斯 •S. 格兰特雪茄。（California Historical Society）

有他的女婿杰弗逊•戴维斯，后来他成为内战期间南部邦联的
总统。

战场的另一边是尤利西斯•S.格兰特将军，他以每天抽 10
支雪茄而闻名。在 1862 年冬天的多纳尔森堡战役之后，他每天
抽的雪茄量越来越多。格兰特以前烟瘾很小，但报纸报道说他
在战争中抽雪茄，而且很多人开始成箱地给他寄雪茄以示支持。
"很快我就收到了近 1 万支雪茄，"他回忆道，"我把能送的
都送了出去，但手头有这么多雪茄，我自然抽得比在正常情况
下还要多，从那以
后我就一直保持这
个习惯。"

美国内战是一
场雪茄战争，而 20

世纪的所有战争都是香烟战争。我想起了斯蒂芬•克兰的电影《红色英勇勋章》（*The Red Badge of Courage*）中的一幕："当骑手策马疾驰而去时，他转身朝身后大喊：'别忘了那盒雪茄！'上校报以喃喃自语。年轻人想知道那盒雪茄跟战争有什么关系。"事实上，相当多时间——在安提特姆（Antietam）河畔，罗伯特•E.李将军是抽着三支雪茄下达命令的。

到格兰特作为共和党候选人竞选总统时，雪茄已经成为他个人形象的特征，广为人知，以至于1868年的竞选歌曲就是《抽

这个罕见的雪茄商标将内战中的对手罗伯特•E.李将军和尤利西斯•S.格兰特描绘成同伴，象征着在那场几乎分裂国家的战争之后人们对和平的期望。

佚名艺术家，"你点燃克雷莫雪茄（Cremo Perfecto）时我总是很高兴"，大约 1935 年，胶印平板画，40×35 英寸。（Modernism Gallery, San Francisco）

雪茄》(*A Smokin' His Cigar*)。民主党人对此进行反驳，并唱着："我抽着我的雪茄，喝着我的杜松子酒，玩弄着人民。"(事实上，格兰特确实死于喉癌。)

格兰特之后的美国总统几乎都抽雪茄。第 21 任总统切斯特·亚瑟是个享乐主义者，他喜欢在晚宴后喝香槟、抽雪茄。本杰明·哈里森让人从他的家乡印第安纳波利斯(Indianapolis)运来雪茄。美国第 25 任总统威廉·麦金利不愿在公众场合吸烟，但他喜欢私下里抽一支雪茄。白宫办公厅主任亚瑟·艾克·胡佛回忆说："麦金利酷爱雪茄，也许是我一生中遇到的所有总统中抽得最凶的一位。除了吃饭和睡觉的时候，人们从来没有见过他嘴里不叼着雪茄。"当他和男同事在一起时，麦金利抽他的加西亚烟(Garcias)；当他陪伴不喜欢抽烟的妻子时，他就把雪茄折成两半再抽。

体重 300 磅的威廉·霍华德·塔夫脱无疑是入主白宫的最胖的人。他开始时抽雪茄，但在任期快结束时戒掉了。泰迪·罗斯福不抽烟，伍德罗·威尔逊也不抽烟，但威尔逊时期被人遗忘的副总统托马斯·R.马歇尔创造了雪茄的历史。副总统极其厌恶地听了一个政客对手在参议院喋喋不休几个小时，谈论"美国最需要什么"时，用一句不朽的台词回击了这个吹牛者："美国真正需要的是 支价值 5 美分的优质雪茄。"不幸的是，他的愿望只实现了一部分。随着美国人逐渐放弃手工卷制，以机器取而代之，雪茄价格开始变得便宜，但产品却变得无味。

沃伦·哈丁、卡尔文·柯立芝和赫伯特·胡佛继承了白宫的

雪　茄

伍德罗·威尔逊的副总统托马斯·R.马歇尔在掷出棒球赛季的第一个球时，手里拿着一支雪茄。他说出了那句不朽的台词："这个国家真正需要的是一支价值五美分的优质雪茄。"（Library of Congress）

传统。柯立芝被媒体称为"沉默的卡尔"，他喜欢带着大号雪茄轻声说话。当别人给他一根雪茄时，他会仔细检查雪茄的尺寸和香味，然后从自己的背心口袋里拿出一个巨大的 12 英寸的科罗娜雪茄（corona）——这才是雪茄！柯立芝习惯在早上 8点邀请国会议员（他需要他们的立法支持）共进早餐；直到分享了雪茄之后，争论才变得严肃起来。富兰克林·D.罗斯福和德怀特·D.艾森豪威尔都抽卷烟，他们的妻子也抽，但他们的客人被礼貌地递上雪茄。罗斯福的副总统约翰·南斯·加纳一边在干燥的得克萨斯潘汉德尔（Texas Panhandle）为选票而跺脚，一边把雪茄放在汗湿的斯泰森毡帽（Stetson）里保湿。

　　约翰·肯尼迪，作为最后一位经常抽雪茄的总统，在年轻时就在父亲乔·肯尼迪的鼓励下养成了这种嗜好。乔·肯尼迪是

38

在签署 1963 年对古巴实行禁运的文件之前，肯尼迪请他的新闻秘书皮埃尔·塞林格收集了 1100 支雪茄。（UPI/Bettmann）

一位金融巨鳄，也是罗斯福总统派驻英国圣詹姆斯法院的大使。肯尼迪通常抽的是小号科罗娜雪茄。

1961 年的一天，猪湾（Bay of Pigs）入侵失败后不久，总统展开了传奇行动，这已成为雪茄传说中的经典趣闻。肯尼迪把他那抽着雪茄的新闻秘书皮埃尔·塞林格叫到白宫办公室，说："我需要很多雪茄。"

"总统，请问需要多少？"

"上千支。明天早上，把你所有藏有雪茄的朋友都叫来，尽可能多买一些。"

塞林格冲了出去，尽可能多地弄到了一些乌普曼小雪茄（H. Upmann petits）。第二天早上，一条紧急消息要他立即赶到白宫办公

1972 年，亚拉巴马州州长乔治·华莱士一边抽着雪茄，一边听副总统斯皮埃尔·塞林格在全国州长会议上发表讲话。（UPI/Bettmann）

皮埃尔·塞林格，肯尼迪总统的新闻秘书，1961 年。（UPI/Bettmann）

室。"你昨晚雪茄买得怎么样？"肯尼迪问。

"总统先生，"塞林格回答说，"非常成功，我拿到了1100 支。"

听他这么说，肯尼迪打开书桌的抽屉，拿出一项禁止所有古巴产品进入美国的法令。

"很好，"他回答说，"现在我有足够的雪茄可以抽一段时间了，我们可以签署这份文件了！"

在肯尼迪死后，他的遗孀送给塞林格一个纪念品，是肯尼迪一直随身携带的，那是总统的雪茄盒，上面刻着那些著名的首字母。不幸的是，对古巴的禁运仍然存在。

理查德·尼克松并不热衷于抽雪茄，但他明白这种外交方式能带来愉快的交谈。他是最后一位在晚餐后向聚集在休息室（the

Green Room）的男士们递雪茄的总统。吉米·卡特不抽雪茄。杰拉尔德·福特喜欢烟斗。罗纳德·里根远离烟草，但他顶住了医生要求他在白宫禁烟的压力，因为他觉得这对客人不礼貌。在布什政府时期，不会向客人提供烟草制品，但在国宾室内仍能看到烟灰缸。比尔·克林顿曾被拍到在高尔夫球场上抽雪茄，而希拉里·罗德姆·克林顿近日却禁止在宾夕法尼亚大道 1600 号吸烟。不过，也有传闻说有人在阳台上抽雪茄。在

1996 年 2 月 27 日，克林顿总统在弗吉尼亚州亚历山德里亚的贝莱黑文乡村俱乐部（Belle Haven Country Club）享受雪茄。他不再被允许在白宫抽雪茄。（AP/Mark Wilson/Wide World Photos）

最高法院，大法官克拉伦斯·托马斯和安东宁·斯卡利亚抽雪茄。

　　雪茄，文明的象征，应该被纳入党派政治吗?《雪茄迷》(*Cigar Aficionado*，1994 年冬季）的读者密苏里州圣路易斯市的凯文·格林斯塔德在一封信中表示，在该杂志把保守派电台评论员拉什·林堡放在封面上后，一些读者竟然取消了订阅，这让他感到沮丧。

　　"如果这些人是真正的雪茄爱好者，他们肯定能理解拉什对雪茄

1994 年，保守派电台主持人拉什·林堡登上《雪茄迷》杂志的封面。

行业以及您的杂志订阅的巨大影响。"

格林斯塔德接着说："如果说有什么区别的话，那就是抽雪茄能把不同意识形态的人聚集在一起。保守派、克林顿自由派和独裁者卡斯特罗有什么共同之处？当然有，他们都喜欢雪茄。我认为这是开始有意义对话的共同基础。让我们把拉什、卡斯特罗和克林顿召集到一个中立的地点——比如佛罗里达海岸的漂流筏上，买几支多米尼加或洪都拉斯雪茄，再邀请考斯比和莱特曼来打破僵局，看看会有什么进展吧。也许他们可以结束对古巴的禁运。"

长期以来，美国商业和雪茄一直联系在一起。J.P.摩根有一个镶有钻石的黄金狗形状的雪茄剪；当尾巴抬起时，它就张开嘴巴。墨西哥特-阿莫公司（Te-Amo）生产一种8.5英寸的雪茄，名为 The CEO。在 1987 年的电影《华尔街》（*Wall Street*）中，查理·辛饰演一位雄心勃勃的股票经纪人，他送给公司蓄意收购者戈登·盖柯一盒古巴雪茄，并引起了他的注意。

　　银质和水晶烟灰缸，银质雪茄管，以及日内瓦的大卫杜夫精品雪茄。（里克·保伦摄）

瓦伦丁·波波夫，《手》，1996年，亚麻布油画，24×20英寸。
（Modernism Gallery, San Francisco）

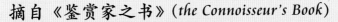

摘自《鉴赏家之书》(*the Connoisseur's Book*)

齐诺·大卫杜夫，1969

一开始，我烟瘾很大。我父母在基辅卖雪茄。我父亲的店很小，全家人都用手工制作香烟，烟丝使用土耳其进口的金黄色烟丝。这家店与众不同。时不时地，一脸神秘的古怪先生们会聚集在那里。他们是同谋者。就像古巴的解放者、流亡佛罗里达的何塞·马蒂过去用雪茄传递信息一样，沙皇在基辅的政敌也在雪茄烟的遮掩下实施他们的计划。

弗拉基米尔·列宁
(Library of Congress)

最终，这个阴谋集团被发现了，我和我的家人乘坐带篷马车离开了俄罗斯。在日内瓦，父亲开了一家小工厂，重新开始做生意。其他的流亡者也来到这家店。他们正狂热地为革命做准备。其中一个人给我留下了深刻的印象。他的脸瘦削，眼睛明亮，说话声音很大。他还拿走了雪茄，却没有付钱。我父亲从未想过要回那笔钱。我一直留着这个账单做纪念，账单上面盖了"未付"字样，还有顾客签名"弗拉基米尔·乌里扬诺夫"。直到后来我才知道他就是列宁。

至今，华尔街所有重要银行的大厅里都还弥漫着雪茄的烟雾。我的朋友、华尔街顶级交易员雷夫·德·拉·格罗涅埃以在摩根大通（J.P. Morgan）和潘恩·韦伯（Paine Webber）的债券交易大厅里穿梭而闻名，他随时都抽着一根帕塔加斯双皇冠雪茄（Partagas Double Corona），看上去就像一辆冒着烟的谢尔曼坦克四处移动。如今，想吸烟的高管们都被限制在自己通风良好的办公室里。IBM董事长郭士纳（Lou Gerstner）是个吸烟者，新闻大亨莫特·祖克曼（Mort Zuckerman）和摩根士丹利董事长理查德·B.费舍尔也是如此。据《雪茄迷》透露，宝马汽车公司董事长毕睿德（Bernd Pischetsrieder）喜欢大卫杜夫唐培里侬（Davidoff Dom Perignon）和罗密欧与朱丽叶比力高（Romeo y Julieta Belicosos）雪茄。贝尔斯登公司董事长，人称"王牌"（Ace）的艾伦·格林伯格有好几种爱好，包括打猎和表演魔术，但他最大的乐趣是抽雪茄。也许并不奇怪，他与亿万富翁罗恩·佩雷尔曼达成了交易。佩雷尔曼拥有露华浓

贝尔斯登的董事长，人称"王牌"（Ace）的艾伦·格林伯格，是华尔街一位传奇的雪茄爱好者。（大卫·伯内特摄，CONTACT Press Images, New York）

巴那比·康拉德三世，"巴黎麦克纽杜（Macanudo）"，1992，拼接水墨画，9 $\frac{7}{16}$ ×11 $\frac{1}{2}$英寸。（Modernism Gallery, San Francisco）

（Revlon）、漫威娱乐（Marvel Entertainment）和联合雪茄公司（Consolidated Cigar Company），后者生产蒙特克里斯托（Montecristo）、特 - 阿莫（Te-Amo）、波尔·拉腊尼亚加（Por Larrañaga）、乌普曼（H. Upmann）、普里莫·德尔·雷尹（Primo del Rey）等顶级品牌。佩雷尔曼位于曼哈顿市中心的办公室里，挂着一幅沃霍尔（Warhol）的油画和一些绣花靠枕，上面写着"没有勇气，就没有荣耀"（No Guts, No Glory）和"爱我，爱我的雪茄"（Love Me, Love My Cigar）。

佩雷尔曼的控股公司麦克安德鲁和福布斯控股公司

纽约纳特·谢尔曼设计的雪茄盒和皮制便携盒。（里克·保伦摄）

（MacAndrew & Forbes Holdings Inc.）在 1984 年以 1.18 亿美元的价格首次收购了联合雪茄公司，然后在 1988 年以 1.38 亿美元的价格将其出售；1992 年，他们以 1.88 亿美元的价格重新收购了这家公司——当然，当时的价格会更高，但公司的市值已经上升，他们抓住了雪茄复兴的绝佳时机。

一些企业高管已经感受到强烈的反吸烟压力，因此开口直言。埃培智公司（Interpublic Group of Companies, Inc.）是一家拥有 20 亿美元资产的广告和通讯控股公司，公司董事长兼首席执行官菲利普·H. 盖尔甚至为《纽约时报》（*New York Times*）

写了一篇题为"吸烟者可以自由呼吸的地方"的专栏文章。盖尔每天都要抽几口古巴雪茄，并认为这是精神集中的必要工具。直到公司的年度报告登载他被拍到抽雪茄的照片，他开始感到不舒服。康泰纳仕出版公司（Conde Nast Publications, Inc.）总裁史蒂文·弗罗里奥（Steven Florio）只在通风良好的办公室里或在航行时抽他的好友蒙特雷（Hoyo de monterrey）和古巴荣耀（La Gloria Cubana）雪茄。杰里·劳恩斯多夫（Jerry Reinsdorf）是亚利桑那州的房地产大亨，拥有芝加哥公牛队和芝加哥白袜队，他每天抽七支雪茄，但很少在他的凤凰大厦里

对冲基金经理雷夫·德·拉·格罗涅埃（Rafe de la Gueronniere）和巴特勒·查普曼公司（Butler, Chapman & Co., Inc.）的邓肯·查普曼（Duncan Chapman）、戴尔·德格罗夫（Dale DeGroff）在曼哈顿彩虹屋（Rainbow Room）的滨海酒吧（Promenade）吸烟。（维罗妮克·路易斯摄）

抽，这是他妻子的命令。

过去的好莱坞电影里的歹徒总是穿着宽条纹西装，抽着大号雪茄。像阿尔·卡彭这样真正的黑帮也是。无论是在餐馆还是在监狱，这些黑社会头目、自作聪明的人和游手好闲之徒仍然在抽雪茄。外号"胖子托尼"的安东尼·萨勒诺，是吉诺维斯犯罪家

1952 年，黑帮头目阿尔·卡彭（Al Capone）被拍到心情很好。（UPI/Bettmann Newsphotos）

族的已故老大，被认为是吉米·霍法失踪案的幕后主使，他喜欢普里莫·德尔·雷尹（Primo del Rey）、大卫杜夫（Davidoff）和乌普曼（H. Upmann）雪茄。他在坐牢期间，仍有办法把雪茄弄进监狱。有时候，一个自作聪明的人抽雪茄是不明智的。在布鲁克林的乔和玛丽餐厅（Joe and Mary's restaurant）吃完午餐后，"利罗"卡尔米内·加兰特（Carmine "Lilo" Galante）刚刚点燃了一支"大总统"雪茄，就被人称"布鲁尼"

的安东尼·印德里加托（Anthony "Bruni" Indelicato）粗暴地射杀了。很明显，这是抽雪茄危害他健康的一个例子。

1979 年 7 月 12 日，黑社会教父卡尔米内·加兰特（Carmine Galante）在布鲁克林的一家餐厅叼着一支优质雪茄逗留很久，被"布鲁尼"安东尼·印德里加托（Anthony "Bruni" Indelicato）粗暴地射杀，那时他嘴里还叼着雪茄。（UPI/Bettmann Newsphotos）

1950年，在麦迪逊花园广场的一场比赛前，左撇子雷米尼（Remini）
给拳手塔米·莫里埃洛（Tami Mauriello）打气。（UPI/Bettmann）

第三章
文学、好莱坞和艺术中的雪茄

透过哈瓦那雪茄蓝色、芳香的烟雾，最徒劳和灾难性的一天似乎过去了。

—— 伊夫林·沃（Evelyn Waugh）

雪茄的形象塑造很大程度上要归功于艺术和文学，反之亦然。它们在 19 世纪法国艺术家的社会讽刺漫画中扮演了重要角色，这些艺术家包括奥诺雷·道米尔（Honoré Daumier）和苏尔皮斯·纪尧姆·切瓦利埃（Sulpice Guillaume Chevalier）。而在简·奥斯汀（Jane Austen）、奥诺雷·巴尔扎克（Honoré Balzac）、亨利·詹姆斯（Henry James）和查尔斯·狄更斯（Charles Dickens）创作的虚构人物身上，有时在抽雪茄时会透露出他们最真实的欲望。威廉·梅克皮斯·萨克雷（William Makepeace Thackeray）喜欢优质雪茄，称其为"揭示秘密的伟大工具"。他的

《故园风雨后》（*Brideshead Revisited*）一书的作者伊夫林·沃（Evelyn Waugh）在日记中写道："效果相当好。喝好酒，抽好烟。"（Popperfoto, London）

　　泰德·艾伦的经典作品——格劳乔·马克斯像，1935 年。（Ted Allan/The Kobal Collection, London）

威廉·梅克皮斯·萨克雷（William Makepeace Thackeray）在写《名利场》（*Vanity Fair*）等小说时经常抽烟。（Corbis/Bettmann）

小说《名利场》（*Vanity Fair*）充满了抽烟的例子，比如这美妙的求爱场景：

"你不讨厌我抽雪茄吧，夏泼小姐？"夏泼小姐喜欢户外雪茄的味道胜过一切。她拿起雪茄抽了一口。她抽烟的姿势真好看，轻轻地一抽，低低地叫了一声，然后吱吱地笑着把美味的雪茄烟还给上尉。上尉捻着胡子，抽了一大口。烟头立刻发出红光，衬着黝黑的田地，越发显得光亮。他信誓旦旦："老天爷，喔！上帝，喔！我一生从没抽过这么好的雪茄，喔！"他的才智和谈吐正是他这般身材魁梧、年轻力壮的骑兵该有的样子。

萨克雷总是以一支雪茄开始他一天的写作。正如《烟草谈话》（*Tobacco Talk*，1897 年）中报道的那样："他通常会点燃一支雪茄，在房间里踱上几分钟后，把未抽完的部分放在壁炉架上，然后更加愉快地继续他的工作，仿佛他从柔和的烟草气味中获得了新的灵感。"狄更斯虽然不像他的朋友萨克雷那样喜欢抽雪茄，然而，最终反而是狄更斯在 1897 年开发了一个雪茄品牌名字——匹克威克（Pickwick）。狄更斯痴迷于医院、监狱和精神病院；有一次在洛桑的一家诊所里，他遇到了一个又聋又哑的年轻病人，但不知怎的，他能表达出对雪茄的热爱。狄更斯把口袋里所有的雪茄都给了他。然后他留了一笔钱给那位吸烟的病人买雪茄。后来，当医生试图重新唤起这个病人对狄更斯探访他的记忆时，病人忘记了。"啊，"狄更斯说，"要是我带了一支雪茄就好了！这能让他确认我的身份。"

1907年获得诺贝尔文学奖的鲁德亚德·吉卜林（Rudyard Kipling）很可能因为一首关于"女人只是女人，但是一支好雪茄是一种灵魂"的诗而失去了自己的骑士身份。

在大西洋彼岸，塞缪尔·克莱门斯（Samuel Clemens）——更广为人知的是其笔名马克·吐温（Mark Twain），

安东尼·特罗洛普（Antony Trollope），上世纪英国最多产的小说家之一，摆出嘴里叼着雪茄的姿势拍照（Culver Pictures）

拥有一种以其名字命名的雪茄，盒子上的商标描绘了作者创造的两个最著名的人物——汤姆·索耶（Tom Sawyer）和哈克贝利·芬恩（Huckleberry Finn）。克莱门斯不停地抽雪茄，每天要抽20支以上。"我抽得有节制，"他说，"一次只抽一支雪茄。"他故意找最便宜、味道最难闻的雪茄。虽然克莱门斯8岁时就开始大量吸烟，但他几乎没有疾病，直到74岁死于心力衰竭。

在《赤道环游记》（*Following the Equator*）一书中，吐温写到自己试图减少吸烟量："我发誓每天只抽一支雪茄。我一直等到睡觉的时候才抽雪茄，然后我享受了一段奢侈的时光。但欲望日复一日地逼迫我。我发现自己在寻找更大的雪茄……不到一个月，我的雪茄就长到可以当拐杖的程度了。"

马克·吐温和他创造的两个人物哈克贝利·芬恩、汤姆·索耶出现在一种雪茄商标上。

吐温的妻子奥利维亚（Olivia）说服他放弃了几个月，但这几乎使他陷入了写作的困境。

在和难以对付的《苦行记》（*Roughing It*）奋力搏斗时，他放弃了。"后来，我放弃了，继续抽我的300支雪茄（一个月），我烧掉了那六章，用了三个月的时间就毫无困难地把这本书写成了。在五个小时的

塞缪尔·克莱门斯，更广为人知的是其笔名马克·吐温，在写作时经常抽雪茄。"在五个小时的工作中，我通常会抽15支马克·吐温雪茄。如果我的兴趣达到了狂热的程度，我就会抽得更多。"（UPI/Bettmann）

工作中，我通常抽15支雪茄。如果我的兴趣达到了狂热的程度，我就会抽得更多。我拼命地抽，不间断地抽。"（碰巧的是，大约十年前，一个邮票收藏家买了两个装满明信片和信封的旧雪茄盒——结果证明是吐温写给他女儿的珍贵信件。）

记者门肯（H. L. Mencken）是巴尔的摩（Baltimore）著名雪茄制造商奥古斯特·门肯（August Mencken）的儿子，他一生都非常喜欢抽雪茄。年轻时，他在家族企业里度过了三年半不快乐的时光，之后他父亲的去世解放了他，让他去追求一份

如此辉煌的事业，以至于阿利斯泰尔·库克（Alistair Cooke）后来称他为这个国家有史以来最著名的火山式新闻记者。"过去人们在政治大会上围着他转，只是为了看他发表那些尖刻而睿智的评论。"

在担任专栏作家的最初几年，面对一群抱怨巴尔的摩有轨电车应该禁止抽雪茄的妇女，门肯写道："一般来说，女人并不像浪漫爱情故事塑造得那样柔弱。一个能在莱克星顿（Lexington）鱼市站上半个小时的女人，也完全能够忍受几缕烟草的味道。"门肯的优秀传记作家马里昂·伊丽莎白·罗杰斯（Marion

1930 年，门肯（H. L. Mencken）手拿雪茄站在不莱梅号上，他是马里兰州（Maryland）一位著名雪茄制造商的儿子，是当时最具影响力的记者。（UPI/Bettmann）

摘自《伦敦素描和旅行》

威廉·梅克皮斯·萨克雷（William Makepeace Thackeray），1896 年

诚实的人，嘴里叼着烟斗或雪茄，在交谈中有很大的身体优势。如果你愿意，你可以停止交谈——但是沉默的时间似乎永远不会令人不快，因为烟雾弥漫着——因此在继续谈话时不会感到尴尬——也不会因为刻意追求效果而紧张——感情以一种庄重而从容的方式传递——雪茄使交流和谐，同时也安抚了

（Corhis/Bettmann）

说话者和他所谈论的话题。我毫不怀疑，正是由于吸烟的习惯，土耳其人和美洲印第安人才会成为如此有教养的人。烟斗从哲学家的嘴里汲取智慧，堵住愚昧人的嘴：它产生了一种谈话方式，深思熟虑、仁慈而不矫揉造作。事实上，亲爱的鲍勃，我必须说出来——我是个老烟鬼。在家里，我宁愿在烟囱里抽也不愿不抽（我承认这是一种犯罪）。我发誓并相信，雪茄是我生命中最美好的东西之一，是一种友好的伴侣，一种温和的兴奋剂，一种和蔼可亲的止痛药，一种友谊的巩固剂。如果我滥用给我带来如此多快乐的善良的野草，我会死去！

Elizabeth Rogers）指出，"一万名（女性）中没有一个能分辨出好雪茄和坏雪茄"，这完全是一个出于原则和自由考虑的例子，而不是因为他厌恶女性——因为在另一个例子中，他很快就为一个因在火车上点燃香烟而被捕的女权主义者进行辩护。

或许，精神分析学很大程度上要归功于雪茄。1902 年秋天，西格蒙德·弗洛伊德（Sigmund Freud）和他的同事们每周三在他位于维也纳伯加斯 19 号的家中会面。在维也纳精神分析学会的会议上，弗洛伊德会让他的同事们围坐在一张长长的桌子旁，桌上摆满了烟灰缸。在这里，理论在雪茄烟的旋涡中被提出、挑战和发展。弗洛伊德的儿子马丁（Martin）回忆说，房间里"浓烟弥漫，人类能够在里面待上几个小时简直是个奇迹，更不用说在里面说话时不会窒息了"。

在与玛莎·伯内斯（Martha Bernays）结婚之前，弗洛伊德曾写信给她说："如果一个人没有可以亲吻的东西，那么吸烟是不可或缺的。"弗洛伊德很少不抽雪茄，通常每天抽 15 支。当病人躺在沙发上时，他坐在他们后面的扶手椅上，一边抽雪茄一边做笔记。精神分

曼考夫（Mankoff）作品，©1994 年，《纽约客》杂志。

勒内·马格里特（René Magritte），《蒙受天恩》（*State of Grace*），1959 年，纸面水粉画，5 ½ ×6 ⅝。（Collection of Harry Torczyner, Lake Mohegan, New York）

析学家雷蒙德·德·索绪尔（Raymond De Saussure）在 20 世纪 20 年代接受了弗洛伊德的心理分析，并在回忆录《我们所知的弗洛伊德》（*Freud As We Knew Him*）中回忆了这段经历："人们会被他办公室的氛围所征服，那是一间相当黑暗的房间，通向一个庭院。光不是从窗户射来的，而是来自那清醒的、有洞察力的头脑。只有通过他的声音和他不停抽吸的雪茄的气味，才能感知他的存在。"

对弗洛伊德来说，不抽雪茄是不可想象的。当他 17 岁的侄子哈里（Harry）谢绝抽雪茄时，弗洛伊德郑重地建议："孩子，抽雪茄是人生中最伟大、最廉价的乐趣之一，如果你这么早就决定不抽雪茄，我只能为你感到遗憾。"

弗洛伊德从 24 岁开始抽雪茄，他继承了他父亲的嗜好。他的父亲是一个勤劳的纺织制造商，活到了 81 岁。他总是把雪茄与坚韧不拔和自我控制联系在一起。弗洛伊德晚年曾说，雪茄"为我服务了整整五十年，一直是我在生命斗争中的铠甲和武器……雪茄极大地增强了我的工作能力，并促进了我的自我控制力"。埃文·埃尔金（Evan J. Elkin）在一篇刊登在《雪茄迷》上的文章中写道："显然弗洛伊德看到了雪茄、贵族权威和成功之间的联系。"

弗洛伊德过着一种高度程式化的生活，雪茄无处不在。他早上 7 点起床，8 点开始诊治病人。到了中午，他和家人共进午餐，然后在维也纳逛一个小时，通常会停下来看看他最喜欢的烟草店。他一生都写日记，仔细记录下他买的所有雪茄。在和小姨子打完牌，或者在当地的咖啡馆喝杯咖啡、看份报纸后，他回到家和家人共进晚餐。之后，弗洛伊德会回到他的书房，点燃一支雪茄，继续写他的开创性著作。他通常抽特拉布科（Trabuco），这是奥地利人喜欢的一种小而温和的雪茄，但他更喜欢唐·佩德罗斯（Don Pedros）和雷纳·库巴纳斯（Reina Cubanas），这是他穿过巴伐利亚边境到贝希特斯加登（Berchtesgaden）购买的。

弗洛伊德一直抽雪茄，直到他 83 岁去世。1938 年纳粹占

　　西格蒙德·弗洛伊德（Sigmund Freud，1856—1939），摄于1922年。精神分析学创始人，每天抽20支雪茄，并鼓励他所有的同事抽。在他和玛莎·伯内斯结婚之前，他曾写信给她说："如果一个人没有可以亲吻的东西，那么吸烟是不可或缺的。"

领维也纳后，他搬到了伦敦。有一张照片是他坐在梅斯菲尔德
（Maresfield）花园 20 号的书桌前，手里拿着雪茄，正在撰写
他的最后一本书《摩西与一神论》（*Moses and Monotheism*）的
手稿。临终前，他把他的一批上等雪茄遗赠给他的兄弟亚历山大，
并写道："你的 72 岁生日快到了，在一起这么多年，我们终将
面临分离。我希望这不是永远的分离，但未来——总是不确定
的——在此刻尤其难以预见。我希望你接受我多年来积攒的好
雪茄，因为你还可以享受这种乐趣，而我再也不能享受了。"

　　一个多世纪以来，雪茄一直是演艺界重要的道具。早在电
影出现之前，19 世纪的美国演艺家巴纳姆（P. T. Barnum）在他
的马戏表演中呈现了"世界上最小的人"侏儒汤姆·拇指将军。
这个矮小的男人抽着一支巨大的哈瓦那雪茄。这种雪茄出现在
查理·卓别林的几部电影中。在《城市之光》中，卓别林从一

一个以牛仔电影明星汤姆·米克斯（Tom Mix）命名的品牌。

辆豪华轿车（从百万富翁那里借来的）中跳下，去捡一个流浪汉刚抛弃的斯托吉雪茄。

在《淘金记》中，一个小流浪汉在育空地区发迹致富，然后乘坐轮船返回上流社会，这时一位乘客扔下一支抽过的雪茄；虽然查理现在已是百万富翁，但他仍无法改掉旧习惯，并且津津有味地继续抽着别人丢弃的雪茄头。劳拉（Laurel）和哈迪（Hardy）、哈罗德·劳埃德（Harold Lloyd），以及许多其他默片电影明星为雪茄开发了视觉笑料——在门上猛按雪茄，在衣服上烧洞。威尔·福勒（Will Fowler）曾经告诉我，他的叔叔克劳德（Claude），也就是威廉·克劳德·菲尔兹（William Claude Fields），是如何在1935年的电影《密西西比》中扮演船长的："他会慢慢地操纵着巨大的方向盘，眼睛直视前方。每当方向盘把手要碰到雪茄的时候，他就会叼起雪茄迅速地抽

梅尔·拉莫斯（Mel Ramos），《哈瓦那》（*Hav-a-Havana*），1995年，纸面水彩，25×41英寸。（Modernism Gallery, San Francisco）

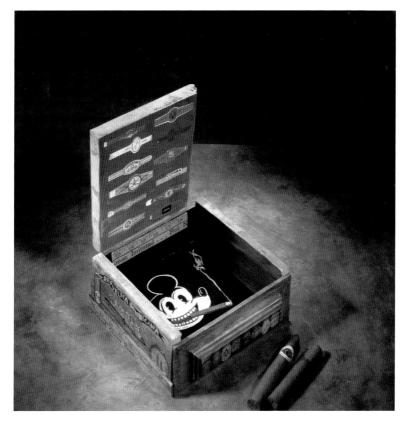

旧金山艺术家斯科特（Scooter）为米老鼠的成年粉丝设计的一个奇特的雪茄盒。（里克·保伦摄）

两口，然后放下，过会儿再叼起来。"

贝托尔特·布莱希特（Bertolt Brecht）曾对某种廉价雪茄大加赞赏，这或许与这位《三便士歌剧》（*Three penny Opera*）的作者相称。这位德国剧作家梦想创造一个"史诗般的烟雾剧场"，如果在演出期间允许观众吸烟，将更能激发艺术遐想。

德国低俗喜剧演员恩斯特·刘别谦（Ernst Lubitsch）成为

　　喜剧演员米尔顿·伯利（Milton Berle）、乔伊·毕晓普（Joey Bishop）和吉米·杜兰特（Jimmy Durante）在1961年为肯尼迪总统的就职舞会排练时抽雪茄。（UPI/Bettmann）

摘自《白痴》(*The Idiot*，1868)
费奥多·陀思妥耶夫斯基著

亨利（Henry）和奥尔加·卡莱尔（Olga Carlisle）译

（Culver）

"无聊的事件，三言两语就可以讲完，"将军扬扬自得地开始说，"两年前——对，差不多有两年了！——当时新辟的某一条铁路刚通车不久，我（穿着便装大衣）正忙于办理对我来说非常重要的移交事宜。我买了一张头等票，走进车厢，坐下来抽雪茄。我是说，我在继续抽，雪茄是早先点着的。单间里就我一个人。吸烟并未被禁止，但也不许可，通常属于所谓半许可状态，当然还得看是谁。窗子开着。就在汽笛鸣响前，突然两位太太带着一只哈巴狗在我对面坐下；她们差点儿没赶上车。其中一位穿着浅蓝色的衣服，非常优雅；另一位比较朴素，穿着带披肩的黑色绸衣。她们长得都不错，看人的时候很傲慢，说的是英国话。我当然不在意，照旧抽我的雪茄。也就是说，我确实考虑过熄灭，但是，我却继续抽着，因为窗子开着，就朝着窗外抽。哈巴狗在穿浅蓝色衣裙的太太的膝盖上静卧着，它很小，就我拳头这么大，黑身白爪，倒是很少见的，项圈是银制的，上面还有铭文。我没有理会。只不过我觉察到，那两位女士好像在生气，当然是因为我的雪茄。其中一位举起长柄眼镜盯着我瞧，那眼镜还是玳瑁框子的。我依然不理会——因为她们什么也不说！要是她们说话，打个招呼，要求别抽，倒也罢了；她们又不是哑巴！可愕是不开口……突然——我得告诉你们，事先没有打任何招呼，连最起码的表示也没有，完全像一下子发了疯似的——穿浅蓝衣服的那个女人抢走我手中的雪茄就往窗外扔。列车在奔驰，我像个呆子似的望着她。这女人真粗野，真是个野蛮的女人，的的确确完全处于疯狂的状态；不过，这是个粗壮的女人，肥胖而又高大，金色的头发，脸色绯红（甚至通红），眼睛瞪着我闪闪发光。我一句话也不说，向前倾了倾，非常客气，可以说是极为绅士、优雅、彬彬有礼地用两个手指抓住那只小狗的脖颈把它向窗外一扔，让它去追我的雪茄！它只发出一声尖叫！火车继续奔驰着……"

"你这个怪物！"纳斯塔西娅·费利帕夫娜发出惊呼，同时拍手大笑，犹如一个小女孩。

"太棒了！太棒了！"费尔迪先科喊道。普季岑也在微笑，尽管他对将军的到来非常不高兴。就连科里亚也笑了，也加入了进来，喊着"好极了！"

"而且我做得对，完完全全做得对！"洋洋得意的将军慷慨激昂地继续说，"车厢里既然不准吸烟，当然更不准带狗！"

好莱坞最杰出的高级性喜剧制作人，他在创作《天堂里的烦恼》（*Trouble In Paradise*）、《妮诺奇嘉》（*Ninotchka*）和《街角的商店》（*The Shop Around The Corner*）时一支又一支抽着雪茄。据古巴小说家吉耶摩·卡布列·因凡特（Guillermo Cabrera

来自纽约的纳特·谢尔曼（Nat Sherman）的银色便携盒。（里克·保伦摄）

Infante）说，刘别谦最后死在床上，一个金发女人骑在他身上，烟灰缸上还放着一支雪茄。制片人杰克·华纳（Jack Warner）在戛纳的棕榈滩赌场，抽着好友蒙特雷（Hoyo de Monterrey）雪茄，赢得了他著名的价值一亿法郎的银行。今天，这支抽了几口的雪茄被保存在卡西诺（Casino）赌场的一个银盒子里，作为这种场合的象征。达里尔·扎努克（Darryl Zanuck）是一位雪茄鉴赏家，在卡斯特罗到达古巴之前，他在古巴烟草地区的中心地带乌尔塔·阿巴尤（Vuelta Abajo）地区拥有自己的种植园（vega）。

奥森·威尔斯（Orson Welles）和阿尔弗雷德·希区柯克（Alfred Hitchcock）在片场不停地抽雪茄。威尔斯曾说，他拍电影是为了能够免费抽雪茄："这就是为什么我写了这么多抽雪茄的英雄和恶棍，他们大口大口地抽着雪茄。"这一传统被弗朗西斯·福特·科波拉（Francis Ford Coppola）和约翰·米利厄斯（John Milius）导演延续至今。

1935年，菲尔兹（W. C. Fields）在《礼物》的拍摄现场抽雪茄。（Culver Pictures）

意大利西部片大师塞尔吉奥·利昂（Sergio Leone）鼓励克林特·伊斯特伍德（Clint Eastwood）抽一种细长的意大利雪茄烟——并将向沙尘吐痰作为一个标志性的姿态。众所周知，电影演员罗杰·摩尔（Roger Moore）、比尔·科斯比（Bill Cosby）、切维·蔡斯（Chevy Chase）、皮尔斯·布鲁斯南（Pierce Brosnan）、罗伯特·杜瓦尔（Robert Duvall）、迈克尔·努里（Michael Nouri）、詹姆斯·科本（James Coburn）和罗伯特·德尼罗（Robert

马克·斯托克（Mark Stock），《二十世纪的艺术家》，1996 年，亚克力油画，61 $\frac{1}{2}$ ×14 $\frac{3}{4}$英寸。（Modernism Gallery, San Francisco）

管弦乐团指挥贝西伯爵（Count Basie）正在为他 1981 年卡内基音乐厅的演出进行排练。（UPI/Bettmann）

De Niro）都喜欢古巴货。

98 岁高龄的乔治·伯恩斯（George Burns）说："如果我当时听从医生的建议，在他建议我戒烟的时候就戒烟的话，我可能不能活着参加他的葬礼。"伯恩斯是唯一一位被允许在好莱坞大道上的曼恩中国剧院（Mann's Chinese Theater）抽雪茄的名人。即使已经一百岁了，伯恩斯仍然每天抽大约一支雪茄。他告诉阿瑟·马克斯 [Arthur Marx，格劳乔（Groucho）之子]："我抽美国的本土雪茄皇后雪茄（El Producto），这个牌子的雪茄很好。"可能对于其他人来说，耐抽的手工雪茄比机制雪茄更实惠，但对于伯恩斯来讲，这才是关键所在："现在我抽国产雪茄的原因是更昂贵的哈瓦那古巴雪茄包装严密，不能支持长时间的自燃。像我这样在休息间抽了一半要上台表演，回来时往往雪茄已经灭了，而皇后雪茄可以持续燃烧……这就是我抽皇后雪茄的原因。"

伯恩斯·内森·伯恩鲍姆（Born Nathan Birnbaum）出生于纽约市下东区的一个贫困家庭，在家里 12 个孩子中排行第九。当他的父亲，一个犹太教堂的替补指挥去世后，七岁的伯恩斯就开始卖报纸和制作糖浆。他在四年级时，和邻里的孩子们组成了一个四重唱乐队，之后就辍学了，进入演艺圈，并改名为乔治·伯恩斯（George Burns）。起初，他在《雪茄迷》中坦言："当他们看到我在街上抽雪茄时，他们会说，嘿，那个 14 岁的孩子一定很与众不同。"当然，这也是舞台上的一个好道具。当你想不起下一句该说什么时，你就抽一口雪茄，直到想到下一句台词。

《乔治·伯恩斯（George Burns）印象》，《纽约时报》漫画作家艾尔·赫斯菲尔德（Al Hirshfeld）作品，1977 年。（Courtesy Margo Feiden Gallery, New York）

1921 年，13 岁的米尔顿·伯利

（Milton Berle）在哈瓦那抽了第一支雪茄。1908 年，他出生在一个有着酗酒的失败的父亲和雄心勃勃的母亲的家庭，后来成为一名儿童演员。当时他和母亲以及妹妹乘船去古巴，一个街头小贩以 2 美分的价格卖给他一支雪茄。"我不知道我不应该抽雪茄。"他在最近的一次采访中告诉阿瑟·马克斯（Arthur Marx）："很快我就感到胃部不适并开始呕吐。"但他上瘾了，从那以后他只抽最好的雪茄。88 岁的时候，他仍然一天抽五支高希霸雪茄。

杰克·尼科尔森十几岁时就开始抽雪茄，1962 年与桑德拉·奈特结婚后戒掉了，并保持了十年不吸烟。在 1972 年拍摄《最后的细节》（*The Last Detail*）时，他想让自己扮演的海军士官角色抽雪茄；电影拍摄成功，而他又开始抽雪茄了。在 1991 年他放弃了抽雪茄，认为"打破一个坏习惯的唯一方法是用一个更好的习惯来代替它"。他与朋友丹尼·德维托（Danny DeVit）、迈克尔·道格拉斯（Michael Douglas）、罗伯特·德·尼罗（Robert De Niro）和彼得·方达（Peter Fonda）分享了他对精美雪茄的欣赏，但独自在家里听古典音乐。他从不在孩子身边抽烟，在餐馆里也很体贴。尼科尔森更喜欢古巴雪茄——罗密欧与朱丽叶（Romeo y Julietas）、高希霸·罗布图（Cohiba Robustos）和蒙特克里斯托（Montecristos）——即使是在高尔夫球场上（他声称雪茄能帮助他集中注意力、放松神经，把杆数降到 12）。

弗朗西斯·福特·科波拉（Francis Ford Coppola）认为，

作曲家洛伦兹·哈特（Lorenz Hart）和理查德·罗杰斯（Richard Rodgers）。（Culver Pictures）

抽雪茄几乎是他与已故父亲、作曲家卡门·科波拉（Carmine Coppola）的精神纽带。"我开始抽这些意大利雪茄，只是为了让空气中有一些那种味道。"他若有所思地说。科波拉的父亲曾经去古巴，工资完全用在支付高希霸雪茄上。弗朗西斯一直在那里的国家电影学校任教，并结识了卡斯特罗。在这位导演最珍爱的物品中，有一个金银相间的雪茄剪，它曾经属于华纳兄弟公司的创始人之一杰克·华纳；它是前印度总督蒙巴顿勋爵（Lord Mountbatten）送给华纳的，这位前总督于1979年遇刺身亡。

近年来最著名的雪茄电影是《烟》（1995），由保罗·奥斯特（Paul Auster）执笔，韦恩·王（Wayne Wang）执导。故事的中心人物是布鲁克林（Brooklyn）雪茄店的老板。奥吉·雷恩（Auggie Wren）[由哈维·凯特尔（Harvey Keitel）饰演] 初次亮相时是一个相当普通的人。奥吉痴迷于每天早上八点从街角拍摄风景。威廉·赫特（William Hurt）扮演保罗，一个刚丧偶的作家，经常来聊天并买雪茄。保罗最喜欢的牌子是顺百利（Schimmelpenninck），这恰好是小说家兼编剧保罗·奥斯特最喜欢的。这部电影的主要情节是一个注定要失败的快速致富计划——奥吉将毕生积蓄投入了一船非法古巴雪茄。在这个复杂的寻觅爱情和寻找人生目标的故事中，男主人公在品味雪茄的同时，展示了他们更好、更善良的本性。

伟大的艺术家都曾抽过雪茄：皮埃尔 - 奥古斯特·雷诺阿（Pierre-Auguste Renoir）、凯斯·范·东恩（Kees Van Dongen）、巴勃罗·毕加索（Pablo Picasso）、马塞尔·杜尚（Marcel Duchamp）和大卫·霍克尼（David Hockney）会立刻浮现在脑海中。弗兰克·斯特拉（Frank Stella）最近开始了一系列雕塑作品的创作，这些作品的灵感来

1931 年，传奇击球手贝比·鲁斯（Babe Ruth）在一场比赛后点燃雪茄。（UPI/Bettmann）

源于雪茄升起的烟雾旋涡。

　　但最流行的雪茄艺术是商标和雪茄盒。1883年，赫尔曼·乌普曼（H. Upmann）银行公司开始向伦敦的董事们运送雪茄，这些雪茄装在印有该行会徽的密封杉木盒子里。当银行全力进军雪茄业务时，乌普曼迅速引领了行业内的包装潮流。1837年，从西班牙移民到古巴的拉蒙·阿隆斯开始印刷彩色平版商标，以此区分

阿尔弗雷德·希区柯克（Alfred Hitchcock），他的标志是圆顶礼帽和雪茄。（UPI/Bettmann）

品牌。它催生了一个行业，将石版印刷的质量提高到了新的高度。其中也用了很多文学典故。1935年，赫尔曼·乌普曼的所有者梅内德斯（Menendez）家族创建了蒙特克里斯托（Montecristo）品牌，以此向亚历山大·大仲马（Alexander Dumas）小说《蒙特克里斯托伯爵》（*The Count of Montecristo*）中的虚构英雄致敬。今天，在美国和欧洲，人们热衷于收藏盒盖上的彩色图像，而古董商标也能以稀世珍宝般的单价卖出数千美元。

　　令人惊讶的是，雪茄茄标的发明者古斯塔夫·博克（Gustave Bock）既不是古巴人，也不是西班牙人，而是荷兰人。1850年，博克想出了一个巧妙的主意——在雪茄上贴标签，使其区别于其他品牌。不久，君主、总统、国家官员和世界主要人物都以

1963 年法国电影明星让 - 保罗・贝尔蒙多（Jean-Paul Belmondo）在《里约人》中。（Culver Pictures）

能把自己的肖像印在雪茄上为荣。

在世纪之交，雪茄在一种真正的美国艺术形式中露面：连环画。1897 年，《卡森小子》（*The Katzenajammer Kids*）推出了叼雪茄的"队长"（Der Captain）；1907 年，《马特和杰夫》（*Mutt and Jeff*）中的赛车迷马特第一次点燃了一支雪茄；还有 1913 年开始连载的《吉格老爹》（*Bringing Up Father*）。从那以后，巴尼・谷歌（Barney Google）、穆恩・穆林斯（Moon Mullins）和达格伍德（Dagwood）的老板迪瑟斯（Dithers）都成了众所周知的重度吸烟者。"孤女安妮"（Little Orphan Annie）的监护人父亲沃巴克（Warbucks）和迪克·特雷西（Dick Tracy）的搭档萨姆·卡奇姆（Sam Catchem）也经常抽雪茄。

在早期漫画中，雪茄与无忧无虑的快乐联系在一起；到了20世纪中叶，它象征着对资本主义权力或苛刻权威的狭隘观念。布伦达·斯塔尔（Brenda Starr）的主编抽过雪茄，蜘蛛侠的那个脾气暴躁的老板也抽过；《星球日报》（*Daily Planet*）编辑佩里·怀特（Perry White）在露易丝·莱恩（Lois Lane）没能写出一个关于《超人》（*Superman*）的好故事时也大口抽着雪茄。

"波戈"（Pogo）的创造者沃尔特·凯利（Walt Kelly）抽古巴雪茄，并将他的艺术用品存放在由阿尔瓦雷斯·洛佩兹（Alvarez Lopez）和他的公司生产的拉洛娜女王（Larona Queen）盒子里。鲁布·戈德伯格（Rube Goldberg）是一个狂

保罗·纽曼在拍摄《男人》（*Hombre*）（1967 年）的间隙在一家雪茄店靠着一个印第安人像抽雪茄。（UPI/Bettmann）

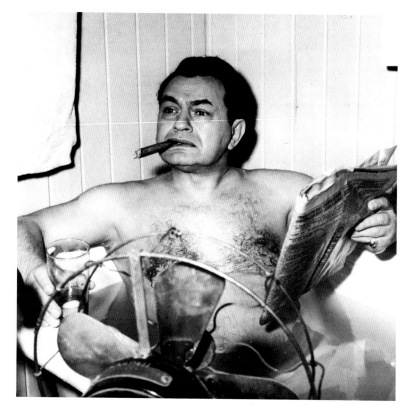

爱德华•G. 罗宾逊（Edward G. Robinson）几乎随时都在抽雪茄。
（Springer/Benmane Film Archive）

热的吸烟者，他的漫画讽刺了科技的疯狂发展。漫画家杰夫•麦克内利（Jeff MacNelly）在连环漫画《咻》（*Shoe*）中，画了一只长相古怪的名叫马丁（P. Martin）的鸭子鞋匠，它一边猛抽着雪茄，一边给报纸专栏"树梢杂谈"写着"雪茄角下水道"。在它分享智慧的一个例子中，咻写道："要充分欣赏好雪茄，认识不同种类的雪茄很重要。雪茄有两种基本类型，点燃的和没点燃

威廉·霍尔顿（William Holden）出演了比利·怀尔德（Billy Wilder）的电影《第 17 号战俘营》（*Stalag 17*）。（Paramount Pictures）

的。"咻是麦克内利作为48岁创作者的另一个自我，他一边抽雪茄一边画着草图。"雪茄对我来说意味着一种世俗的肮脏，"麦克内利说，"这就是为什么我在咻的嘴里塞了一支雪茄。"在漫画

阿诺德·施瓦辛格（Arnold Schwarzenegger）挥舞着一把巨大的雪茄刀。（M.内沃摄，Shooting Star）

中，一位读者给咻写了一封信，向它寻求建议："亲爱的鞋匠先生：我喜欢定期抽雪茄，但我发现雪茄会灼伤我的舌头。我能做什么？"咻回答："下次试着把另一端放进嘴里。"

漫画家杰夫·麦克内利（Jeff MacNelly）正在画他的漫画《咻》（丹尼斯·布莱克摄/Black Star）

第四章

古巴的神秘

乌尔塔·阿巴尤（Vuelta Abajo）是一个天然的温室，就像整个古巴岛是一个天然的保湿盒一样。

——伯纳德·沃尔夫（Bernard Wolfe），

列夫·托洛茨基（Leon Trotsky）的前秘书

当时是晚上 8 点，古巴航空公司的一架俄罗斯产雅克 -40 飞机在哈瓦那的何塞·马蒂（José Martí）国际机场降落。作为少数几个从巴哈马首都拿骚（Nassau）飞过来的美国人之一，我不知道等待我的是什么。然而，我的到来实现了一个长期以来的梦想——就像穆斯林第一次去麦加朝圣，艺术家第一次参观卢浮宫，葡萄酒爱好者第一次看到波尔多。

古巴的海关手续出人意料地简单，毕竟很少有外国人愿意移民到这个国家。多年来，美国人一直在合法和非法地访问古巴（从拿索、加拿大和墨西哥出发）。三十分钟后，一辆出租车把我送到了广场酒店，就在市长广场附近。洗完澡，换了衣服，我漫步在哈瓦那老城的街道上，时而兴奋，时而悲伤。就好像 19 世纪巴黎的几个地区被转移到这里，然后又被遗弃了 35 年。褪色的、摇摇欲坠的美是迷人的、诡异的，令人陶醉。该岛的

除了甘蔗，雪茄也是古巴的主要出口商品之一。（斯蒂芬·费里摄 /The Gamma Liaison Network, New York）

经济一塌糊涂，古巴有 1100 万贫困人口。随着共产主义在苏联的失败，苏联停止了每年 50 亿美元的补贴，古巴的经济一夜之间萎缩了 25%。除了糖、镍、鱼和旅游业，雪茄仍然是该国主要的现金出口产品。

离我住的酒店两个街区的地方，我找到了弗罗里迪塔（Floridita），这是欧内斯特·海明威（Ernest Hemingway）最喜欢的酒吧。一个穿着考究的酒吧侍者把我引进一个干净、光线充足的地方，这里充满了怀旧之情。

一个友好的，但几乎没有牙齿的调酒师穿着一件清爽的白色夹克，做了一杯很棒的代基里酒，交谈中我生疏的西班牙语逐渐流畅。墙上挂着海明威与埃罗尔·弗林（Erroll Flynn）、加里·库珀（Gary Cooper）的合影，以及与"马克思主义领袖"（El Lider Maximo）菲德尔·卡斯特罗（Fidel Castro）尴尬拥抱的照片。这些照片是帕帕（Papa，海明威昵称）最终离开古巴之前拍的。

弗罗里迪塔酒吧仍然是一个美丽的酒吧，听到有人说西班牙语我很高兴，但令人难过的是，除非有游客陪同，古巴人（员

优质古巴雪茄，包括帕塔加斯·卢西塔尼亚（Partagas Lusitania）、赫尔曼·乌普曼（H. Upmann Monarch）、罗密欧与朱丽叶·威尔士亲王（Romeo & Julieta Prince of Wales）、罗密欧与朱丽叶·丘吉尔（Romeo & Julieta Churchill）、大卫杜夫·多姆·佩里尼翁（Davidoff Dom Perignon）、高希霸·埃斯普伦迪多（Cohiba Esplendido），玻利瓦尔·科罗娜·吉甘特（Bolivar Corona Gigante）和帕塔加斯·卢西塔尼亚（Partagas Lusitania）。（里克·保伦摄）

古巴雪茄工厂的一名朗读者，约 1925 年。（Bettmann Archive）

工除外）是不允许进入这里的；除了卡斯特罗核心集团的人，没有任何古巴人能来这里。晚餐我在餐厅吃了鱼，然后回到酒吧喝了一小杯七年前的朗姆酒。我在吧台后面看到了成箱的雪茄——古巴人常叫它 puros。片刻之后，我就抽起了高希霸长矛（Cohiba Lancero）。能够自由地抽雪茄让我兴奋得差点晕倒。又喝了一杯朗姆酒后，我又买了几支高希霸。走回酒店时，我很高兴能在口袋里摸到它们。

在接下来的几天里，我游览了老哈瓦那，陶醉于这座城市丰富的过去——海盗、奴隶贩子和商人的传奇故事，他们喝着

"不要觊觎你邻居的雪茄。" 1992 年，多米尼加牧师弗莱·贝托（Frai Betto）点燃了一支雪茄，而菲德尔·卡斯特罗（Fidel Castro）满怀渴望地看着他。卡斯特罗于 1985 年戒烟。（Reuters/Bettmann）

朗姆酒，抽着雪茄。我遇到的几个古巴人都是热情、有礼貌的，他们生活在一个压迫的政权下，他们希望这个政权会改变；但每当我看到角落里的士兵或墙上写着的政治口号"我们将战胜"和"革命或死亡"时，我就会想起，古巴仍然是一个极权主义国家，那里没有言论自由，几乎没有财产权，对自由企业几乎没有容忍。

1959 年卡斯特罗上台后，他将糖业和雪茄业收归国有。在革命热情的狂热初期，卡斯特罗最初宣称，优秀雪茄公司的个别品牌只不过是资本主义的利己主义。当时，他提议"为民众"制造一种只有细微变化的单一雪茄，直到同为革命家的切·格瓦拉（Ché Guevara）提出反对意见。与此同时，赫尔曼·乌普曼（H. Upmann）、罗密欧与朱丽叶（Romeo y Julieta）、帕塔加斯（Partagas）、潘趣（Punch）和好友蒙特雷（Hoyo de Monterrey）这样的公司的所有者逃到了佛罗里达、多米尼加共和国、牙买加和洪都拉斯，在那里他们继续制造优质的雪茄。古巴的神秘感仍然很强，但许多专家现在信誓旦旦地辩称，在洪都拉斯和多米尼加共和国生产的雪茄等同于甚至优于古巴雪茄。

在接管后的几个月里，哈瓦那的使节在日内瓦拜访了现在已故的季诺·大卫杜夫（Zino Davidoff），询问可以采取什么措施来促进销售。大卫杜夫告诉他们，古巴雪茄产业的优势在于其雪茄的多样性，这与革命者切·格瓦拉给卡斯特罗的建议类似。在经过一系列挫折后，政府改变了政策，恢复了那些著名的品牌——尽管真正的经营者在废弃期间已经在使用这些品牌了。

摘自《圣烟》(*Holy Smoke*)

G. 卡夫雷拉·因凡特（G. Cabrera Infante）（1985）

有一次，我和卡斯特罗一起随意访问了古巴东海岸附近一个岛上的养牛场。夜幕降临时，我在电视上看一部西部片。卡斯特罗也走了进来，立刻问道："谁有雪茄？"我的衬衫口袋里有四支哈瓦那，在牧场的月光下非常显眼。所以我说我有。我不得不给他一支雪茄。当他沉浸在牛仔、马车和他们的主人的歌声中时，他向我要了第二支雪茄。然后是第三支。幸运的是，我知道《原野神驹》（*Wagon Master*）是福特最短的一部西部片，只有90分钟，很快就结束了。卡斯特罗站起来，穿着制服，用手枪指着他六英尺远的地方，并评论道：歌太多，印第安人太少。我们都很认同。我们的主席也是我们的一流影评人。和往常一样，他也是唯一的演说家：他让我们把整个房间变成了古巴合唱团。幸运的是，那天晚上他累了，很快就上床睡觉了。后面跟着他的保镖。但在离开之前，他转向我说：我看到我们还剩下一个印第安人。他指的是我的口袋，而不是我的头，他指的是我最后一支雪茄。他提到它时，就好像它是另外一个阿帕切人。"你介意我借用一下吗？"我能怎么说？如果你需要就拿去吧，指挥官？我交出了最后一支雪茄。当他带着他从未归还的借来的波尔·拉腊尼亚加（Por Larrañaga）雪茄离开时，我转向电视机。它是关闭的，但在它周围的地板上还有其他三支雪茄，已经抽完了但还勉强燃着。显然，主席们都是令人讨厌的烟民。

古巴人仍然能够生产出世界上最好的雪茄。其工业的核心是一个叫乌尔塔·阿巴尤的小地区，位于哈瓦那以西约100英里。这里有许多小烟草种植园，总面积只有10万英亩。

一天早上，我参加了一个巴士旅行团，前往烟草中心地带的比那尔·得·里奥。大雨倾盆，我们不得不向西行驶，穿过种植甘蔗的乡村。肥沃的低洼地周围环绕着凸起的山，类似于马来西亚和泰国的部分地区。这种略带红色的沙壤土非常适合烟草种植。尽管这里每年的降雨量为65英寸，但在11月至2月的烟草季节，降雨量仅为8英寸。这是一个劳动密集型的行业，

世界上最好的烟草种植在古巴西部的比那尔·得·里奥（Pinar del Rio）地区。（大卫·伯内特摄/CONTACT Press Images, New York）

在古巴黑市上售卖雪茄。（斯蒂芬·费里摄/The Gamma Liaison Network, New York）

在 120 天的周期内，每棵植物都要经过近 70 次的人工照料。烟叶一旦收获，就被挂在仓库的杆子上，晾制 45 到 60 天，在此期间烟叶由鲜绿色变成褐色。然后把它们捆起来、压扁、堆叠进行自然发酵，这一过程会产生 112 华氏度的温度。在这个过程中没有使用任何化学物质。然后将叶子按大小分类，再进行进一步发酵。正是因此，雪茄烟叶的酸度、焦油和尼古丁比卷烟低得多。然后雪茄烟叶被运到工厂；质量最好的雪茄留作出口，质量较差的留作国内消费。

回到哈瓦那，我发现帕塔加斯工厂正对着古巴前参议院，这是一座模仿华盛顿国会大厦的建筑。今天它是一座图书馆——菲德尔为人民做所有的政治思考。帕塔加斯工厂是一座漆成奶油色和棕色的漂亮建筑，在四层楼的顶部清晰地标记着 1845 的字样。该公司最近举办了一场宴会来庆祝其成立 150 周年，参加宴会的是一群国际雪茄专家。

尽管有出版商的介绍信，我还是被拒绝参观工厂，并被告知那天他们"人手不足"。我去了革命博物馆附近的科罗娜工厂，得到了同样的答案。第二天早上，我和会说法语的朋友佩德罗一起回到了帕塔加斯工厂，他最终说服了一位助理经理带我们参观——但这是在佩德罗告诉他我是法裔加拿大人之后。"好吧，但不许拍照。"高大粗鲁的帕塔加斯人说。

尽管如此，我们还是看到了手工雪茄诞生的复杂过程的每一步。男人和女人用椭圆形钢刀片切割茄衣，然后在一个叫作维托莱斯（vitoles）的木质雪茄制作板上面卷制茄芯和茄套，之后把雪茄包好完成包装，卷制速度给我留下了深刻的印象。在雪茄卷制师成为一名经验丰富的专业人员之前，需要经过 9 个月的学徒期，而且很多人都以失败告终。最优异的卷制师能够卷制罗密欧与朱丽叶和高希霸雪茄。最初雪茄卷制师是由男性主导的兄弟会，而现在主要是妇女（然而，品尝者多为男性）。一个好的雪茄卷制师每天可以制作 100 到 130 支雪茄，每支雪茄平均花费 4 到 5 分钟。

读书的声音在一个有故障的音响系统中嗡嗡作响。给雪茄卷制者读书是一个有百年历史的传统，最初是为了娱乐和教育在职的工人阶级。在过去，朗读者们——在工厂里享有极高的地位——喜欢读代表着最高水准的富有戏剧性的长篇小说：维

韦恩·蒂博（Wayne Thiebaud），《雪茄和阴影》（*Cigar and Shadow*），1973 年，纸面油画，20×16 英寸（Campbell-Thiebaud Gallery, San Francisco）

克多·雨果的《巴
黎圣母院》或大仲
马的《蒙特克里斯
托伯爵》（一种著
名的古巴雪茄的名
字就是由此而来）。
今天，菲德尔·卡
斯特罗也利用这种
智慧，通过报纸印

位于哈瓦那的帕塔加斯工厂自 1845 年
开始营业。反美国佬的标语是最近才出现的。
（作者摄）

刷或广播进行宣传。偶尔，朗读者们也会读一本低水准的浪漫
小说，这种小说很受新一代女性卷制师的喜爱。

　　在帕塔加斯工厂的另一层，妇女们按照颜色挑选成品雪茄，
根据多达 65 种颜色变化对它们进行分类，这样每个雪茄盒最终
都会装上颜色相似的雪茄。然后进行捆绑和装箱。雪茄的香气
是浓郁、天然、清新、令人陶醉的。尽管向导脸色阴沉，但每
层的工头和工人都热情地和我打招呼。工人们想抽多少支免费
雪茄就可以抽多少支；一个 70 多岁的妇女，像马杜罗雪茄一样
黝黑甜美，给我看她每天卷着抽的 12 英寸的雪茄。帕塔加斯工
厂的 200 个卷制师每年生产 500 万支手工雪茄，所以当我们离
开的时候，我们的帕塔加斯向导连一支雪茄样品都没有赠送，
让我有点失望。但 35 年来古巴从来没有必要去讨好媒体。事实
上，它没有什么新闻报道，奉承也很少。

　　1979—1980 年，古巴烟草作物遭受了蓝霉病的毁灭性打击，

　　凭借独特的土壤和气候条件，古巴仍然生产着被许多鉴赏家认为是世界上最好的雪茄。这里显示的著名品牌有高希霸（Cohiba）、罗密欧与朱丽叶（Romeo & Julieta）、帕塔加斯（Partagas）、玻利瓦尔（Bolivar）、蒙特克里斯托（Montecristo）、好友蒙特雷（Hoyo de Monterrey）、法拉奇之花（Flor de Farach）和古巴荣耀（la Gloria Cubana）。雪茄剪是大卫杜夫制造的。（里克·保伦摄）

导致次年古巴雪茄在全世界范围内出现短缺。消息传出后，世界各地的免税店都被资本主义恶棍所包围，他们纷纷抢购剩余的存货。从伦敦到香港，烟草商都被惊慌失措的买家围得水泄不通。过了一年恐慌才平息下来。

菲德尔·卡斯特罗 15 岁时开始抽雪茄，当时他的父亲让他尝试了罗密欧与朱丽叶（Romeo y Julieta）、乌普曼（H. Upmann）、博萨（Bauza）和帕塔加斯（Partagas）。几十年来，卡斯特罗很少被拍到不抽雪茄的照片，他抽的通常是较小的科罗娜（Corona）特制雪茄。到了 20 世纪 80 年代，出现了他抽高希霸（Cohiba）的照片，这是他在革命后帮助开发的一个品牌。

高希霸始于 20 世纪 60 年代初，当时卡斯特罗的一个朋友给他带来了一根由爱德华多·里维拉·伊里扎里（Eduardo Rivera Irizarri）制作的香型雪茄，伊里扎里当时是埃尔·拉吉

一个有经验的卷制师一天可以生产 120 支以上的雪茄。（作者摄）

托（El Laguito）工厂的主管和顶级卷制师。那支不知名的雪茄又长又细，形状像今天的高希霸·兰瑟罗。出于好奇，这位独裁者要求会见雪茄制造者。里维拉告诉他如何在茄芯中混合各种填充物以及从哪里获取茄衣。卡斯特罗决定任命里维拉为他的私人雪茄制造者，其中一个原因是，在当时有暗杀消息传闻，这个工匠是可以信任的。

起初，这些雪茄仅仅为"指挥官"（El Commandante，指卡斯特罗）而生产，并作为外交礼品赠送。高希霸的品牌名称最早出现在 1966 年，但直到 20 世纪 80 年代才开始商业化销售。与此同时，在过去的三年中，卡斯特罗推出了一款新的雪茄品牌——特立尼达（Trinidad）雪茄，作为一种外交礼品。

高希霸仍在哈瓦那郊区的埃尔·拉吉托工厂生产。这座建筑与其说是一个企业，倒不如说是一座宫殿。理由很充分：这座优雅的新古典主义城堡曾经是皮纳尔·德尔·里奥侯爵（Marquez del Pinar del Rio）的家，他是西班牙一个大家族的后裔，在乌尔塔·阿巴尤地区生产烟草发家致富。革命后，这所大宅子被收归国有，成了女子雪茄卷制学校。雪茄产量增长迅猛，以至于 1969 年里维拉与瑞士商人季诺·大卫杜夫联系，商讨生产其他商业品牌。不到一年，大卫杜夫就与瑞士进出口公司厄廷格（Oettinger）建立了合作关系。整个 70 年代和 80 年代，大卫杜夫的门店遍布全球主要城市，包括伦敦、纽约、东京、香港和新加坡。"大卫杜夫"品牌一直在古巴生产，直到 1990 年，季诺突然退出并把他的业务转移到多米尼加共和国。

令雪茄烟民和情报机构惊讶的是，1985 年 8 月 26 日卡斯特罗戒掉了雪茄。卡斯特罗在接受马文·山肯（Marvin Shanken）采访时说，做出这一决定不是为了他自己的健康问题，而是为了表明个人对国际禁烟公共卫生运动的支持。与此同时，他曾经的私人雪茄制造者爱德华多·里维拉于 1995 年在哈瓦那的科摩多罗酒店重返雪茄制造领域。"他们人手不够。"这是他唯一能给出的解释，但他似乎很高兴能再次卷制雪茄。

美国对古巴 - 美国的贸易禁运仍然有效。哈瓦那的街道上仍然行驶着上世纪 50 年代末的雪佛兰贝莱尔和别克车，艾森豪威尔时代的文明靠着古巴人的聪明才智和手工制作继续运转。也有意大利轿车和华丽的日本吉普车，但这些车仅供游客租用。美国的封锁不是古巴经济萎靡的原因。从

由于禁运，哈瓦那到处都是艾森豪威尔时代的幽灵汽车。（作者摄）

日本、中国到墨西哥、巴西、英国、德国和法国，世界上所有
其他国家都可以自由地与古巴进行贸易，但贸易伙伴都很紧张。
古巴的问题在于，它禁止发展自由企业，扼杀生产力。

　　1994 年，当《雪茄迷》的出版商马文·山肯在哈瓦那采访
卡斯特罗时，这位古巴领导人问道："你说克林顿抽雪茄吗？"
美国出版商回答说："是的。他抽烟很多年了。但他的妻子希
拉里在白宫制定了一项禁烟政策。所以现在看来他只是闻雪茄
而已。"卡斯特罗认真考虑了一下："那克林顿总统和我就不
能在白宫抽和平烟斗或雪茄了。"

第五章
雪茄遍布世界

每支雪茄都不会被浪费。

——巴西谚语

上个世纪，古巴雪茄制造商因两次巨变离开了古巴岛。几个世纪以来，西班牙统治者一直剥削殖民地劳工，将古巴视为封建的死水。19 世纪 80 年代，一群古巴移民涌入佛罗里达州的基韦斯特，其中包括雪茄制造商，他们曾一度让这个岛上小镇成为著名的雪茄制造中心。1885 年，大量卷烟工人向北迁徙，在坦帕市附近建立了伊波市，随后，数百家雪茄制造商涌入此地。到 1890 年，"坦帕制造"（Made in Tampa）的雪茄标签被认为是质量标杆。由于美国逐渐开始生产机制雪茄，基韦斯特的雪茄厂日渐式微，但古巴的老手以及他们的门徒

M. O. 杜拉克（M. O. Dulach），《血歌》（*Krovi pesni*），1926 年，石制平版海报，42 ¹/₂ ×28 英寸。这张著名的俄罗斯海报是为了宣传鲁道夫·瓦伦蒂诺主演的电影《碧血黄沙》（*Blood and Sand*）而制作的。（Modernism Gallery, San Francisco）

汤姆·麦金利（Tom McKinley），《雪茄塔》（*Cigar Tower*），1996 年，板面油画，13×10 英寸。（John Berggruen Gallery, San Francisco）

仍在伊波市继续卷制手工雪茄。

由于德国潜艇在加勒比地区徘徊，第二次世界大战中断了古巴的烟草贸易。而英国烟草经销商迫切希望获得高质量的雪茄。因此，一些英国人将目光投向了他们的殖民地牙买加，并大力推广坦普尔·霍尔（Temple Hall）、埃尔·卡里布（El Caribe）和弗洛尔·德尔·杜克（Flor del Duque）等品牌。一些古巴雪茄专家在牙买加开店，创立了品牌"麦克纽杜"（Macanudo），如今，该品牌一直在生产优质雪茄。

1959年的古巴革命战争使大多数雪茄制造商逃离古巴，他们带走了优质的古巴烟草种子，并在其他国家重新开始。幸运的是，烟草种植和雪茄制造行业已经在洪都拉斯和多米尼加根深蒂固。从长远来看，古巴专家被迫外流可能有益于世界各地的雪茄烟民，但这也造成了一个有争议的局面，即"商标重复罪"。例如，曾在哈瓦那拥有帕塔加斯品牌（Partagas）的西富恩特斯家族，与另一个逃离的雪茄制造商——梅内德斯家族一起，在多米尼加共和国重振了帕塔加斯品牌。与此同时，卡斯特罗继续在他的古巴产品中使用备受崇敬的帕塔加斯这一名字。两者商标唯一的区别是古巴品牌的标签底部印有"Havana"字样，而多米尼加品牌的标签底部则写着"1845"。洪都拉斯的潘趣（Punch）和多米尼加的乌普曼（H. Upmann）也在古巴被贴上了类似的"复制标签"。

季诺·大卫杜夫——总部位于日内瓦的著名烟草供应商，一直以使用在古巴种植的烟草而著称，但在1983年，他将"季诺"系列的洪都拉斯制造雪茄引入美国市场，并大获成功。1991年，由于生产问题，雪茄在古巴的制造受到了阻碍。大卫杜夫大胆地将他所有的雪茄产业转移到了多米尼加的圣地亚哥。大卫杜夫的举动打破了优质雪茄必须来自古巴的神话。大卫杜夫的新系列最初在美国销售，与欧洲不同的是，美国并没有被古巴的魔力彻

已故的季诺•大卫杜夫是世界上首屈一指的雪茄制造商之一。1990年，他将业务从古巴转移到了多米尼加共和国。（Courtesy Davidoff of Geneva）

底迷住。大卫杜夫通过在纽约和比弗利山庄（Beverly Hills）开设豪华商店来拉拢美国烟民。虽然他的新雪茄不像古巴雪茄那

沙纳汉（Shanahan）绘制，©1996年，《纽约客》杂志。

　　如今，世界各地都在生产雪茄。此处展示的优质品牌包括：阿什顿
（Ashton）、古巴荣耀（la Gloria Cubana）、柏丽（Park Lane）、阿沃（Avo）、
帕塔加斯（Partagas）、纳特·谢尔曼（Nat Sherman）、托马斯·希德
（Thomas Hinds）、胡安·克莱门特（Juan Clemente）、罗密欧与朱丽
叶（Romeo & Julieta）、格里芬（The Griffin）、利森西亚托斯（Licenciados）、
阿图罗·富恩特898收藏款（898 Collection. Arturo Fuente）、哈瓦尼卡
（Habanica）、好友蒙特雷（Hoyo de Monterrey）、菲利普·格雷戈里
奥（Felipe Gregorio）、皇家牙买加（Royal Jamaica）、尼加拉瓜珍宝（Joya
de Nicaragua）、登喜路陈年系列（Dunhill Aged）、大卫杜夫（Davidoff）、
朱丽亚·玛洛（Julia Marlowe）和里科·哈瓦那（El Rico Habana）。打
火机来自阿尔弗雷德·登喜路（Alfred Dunhill），刀具和烟灰缸来自乔
治敦烟草公司（Georgetown Tobacco）。（里克·保伦摄）

摘自《圣烟》(*Holy Smoke*)

G. 卡夫雷拉·因凡特（G. Cabrera Infante）（1985）

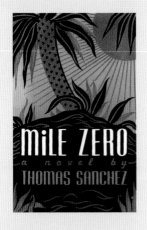

　　阿布洛到雪茄厂工作的第一天早晨见到珀尔时就为之神魂颠倒。他还没意识到她已经偷走了他的心，认为自己还有选择的余地。珀尔是在雪茄厂工作的少数女性之一，也是阿布洛在三楼开始新工作时遇见的唯一女性。阿布洛并非被珀尔的美貌所打动，而是她的职位。大多数女性都扮演着"脱衣舞娘"的角色，每天解开成百上千捆来自哈瓦那的烟叶。她们小心翼翼地从带刺的茎秆上剥下珍贵的叶片，然后将它们压在两块木板间制成茄衣，传递给甄选员。阿布洛从未见过女性甄选员。甄选员是一份崇高的职业，常由视觉敏锐的男性担任，他们可以通过真彩色值来进行烟叶分类。也许珀尔从她父亲那里继承了非凡的视力，她能看透惊涛骇浪的海底。看着珀尔的手在成堆的烟叶中快速穿梭，眼神在木瓜黄到马杜罗色中寻觅，就像目睹一只猫在黑暗的粮仓里从堆积如山的小麦中捕捉到老鼠。珀尔不像一台机器，而像一位熟练的运动员，依靠先天优势完成着简单的任务并放声大笑。珀尔戴着一根由细绳编织而成的项链，乳白色的蒜瓣状吊坠在薄棉连衣裙下随丰满的胸部起伏不定。珀尔的皮肤在热浪中闪闪发光，手指飞舞，眼神没有一丝遗漏。她不停地抽取雪茄叶，蓝色的云朵仿佛在她周围盘旋。珀尔仿佛置身于光晕的薄雾中，被从北向窗户泻进的光线照射，挡住了变幻

莫测的海风，防止它们扰乱大厅里一排排桌子上精心摆放的雪茄烟叶。珀尔的身体散发着香气，点燃了雪茄厂三楼每个男人的欲望。珀尔的香味蕴藏着令人神往的丰富回忆，绿色的梦想和迫切的渴望，在泥泞山坡的树荫下生长的烟叶，以及扎根于土壤深处的大蒜燃烧的辛辣味。

样辛辣和浓郁，但它们却适合美国人的味蕾。大卫杜夫对乔治敦烟草公司的保罗·加米利安说："它们是制作精良的高品质雪茄，不会对身体造成伤害。"

如今，多米尼加是世界领先的优质雪茄生产国，每年有5000万支手工雪茄销往美国。它的气候与古巴相似，土壤和降雨情况都适宜烟草生长。世界各地都在生产雪茄，从菲律宾、印度尼西亚到墨西哥、巴西、加那利群岛，以及意大利、荷兰、丹麦和德国。小说家司汤达抽了意大利制造的托斯卡纳（Toscanis），他写道："在冬天的寒冷清晨，一支托斯卡纳雪茄可以强化灵魂。"这种雪茄经干碾后会产生强烈的气味。

可以肯定的是，世界上最好的雪茄来自古巴附近的国家。尼加拉瓜的雪茄例如尼加拉瓜珍宝（Joya de Nicaragua）和墨西哥的雪茄例如特-阿莫（Te-Amo）一样，通常具有浓郁的香味和胡椒味。美国鉴赏家保罗·加米利安在多米尼加的圣地亚哥制作了一种非常优质的雪茄。

尼加拉瓜的雪茄产业蓬勃发展，直到桑定革命使雪茄的种植和生产陷入混乱，但是如今已再次恢复。多年来，墨西哥的

雨果·克劳德（Hugo Cloud），《庄重的平衡（节日资产负债表）》，1996年，新闻纸上的拼贴画，16 $\frac{1}{8}$ ×12 $\frac{3}{16}$ 英寸。（Modernism Gallery, San Francisco）

斯图尔特·戴维斯（Stuart Davis），《杂志和雪茄》（*Magazine and Cigar*），1921，布面油画，12×16英寸。《费城唱片》（*Philadelphia Record*）的一位艺术评论家写道："这是一本侦探杂志，旁边放着一支未抽过的黑色雪茄——最好别抽。"（Richard York Gallery, New York）

特-阿莫（Te-Amo）、多米尼加的唐·迭戈（Don Diego）和乌普曼（H. Upmann）等品牌的质量各不相同，但总的来说都是优质雪茄。牙买加的麦克纽杜（Macanudo）和多米尼加的帕塔加斯（Partagas）似乎一直都是冠军。位于加那利群岛（Canary Islands）的蒙特克兹（Montecruz）、弗拉明戈（Flamenco）、唐·迭戈和唐·米格尔（Don Miguel）等品牌也生产烟味较淡但制作精良的产品。

多米尼加的雪茄多使用产于康涅狄格、喀麦隆、尼加拉瓜、厄瓜多尔、巴西和墨西哥的茄衣。康涅狄格河谷的沙壤土具有理想的化学成分，可用于生产康涅狄格阴植烟叶（Connecticut Shade）这种高级茄衣。麦克纽杜和大卫杜夫在牙买加和多米尼加的雪茄产品就使用康涅狄格阴植烟叶作为茄衣。这些烟叶是以

古巴的黑兹尔伍德品系种子种植的，采用了10英尺高的粗棉布帐篷用于遮阴。该种子一般在三月种植，八月收获。由于高昂的生产成本，这种烟叶的售价高达40美元/磅，这使得每支雪茄的价格增加了约50美分。古巴提供了最好的茄芯原料，但奇怪的是，这个岛屿仍未生产出最好的茄衣。直到1995年，他们才收获了第一批用阴植法种出的雪茄烟叶。

第六章

女性和雪茄

雪茄可以麻木悲伤，使孤独的时光充满无数优雅的意象。

——乔治·桑，1867 年

在 1958 年由科莱特（Colette）的中篇小说《琪琪》（*Gigi*）改编的电影中，俏皮的巴黎风情女郎被训练成完美的女人。在无数的社交技巧中，她被教导挑选一支上等雪茄，并将它送给一位绅士。作者写道："一旦女人了解男人的口味，包括雪茄，一旦男人知道什么能让女人开心，他们就可以算是天作之合。"在影片中，莱丝莉·卡隆（Leslie Caron）闻了闻雪茄，并在耳边滚动以确定雪茄的质量。一个女孩子可以学习并了解雪茄，但不应该抽雪茄！

如今，从纽约到旧金山，女性们经常聚在一起抽烟。戴安娜·希尔维斯是芝加哥浮沉（Up Down）

与西方对雪茄的刻板印象相反，中国台湾阿美部落的女性认为大雪茄代表女性化，而小雪茄则代表男性化。（Bettmann Archive）

"奇异"牌烟草商标

烟草店的老板，也是美国烟草协会（Tobacconist's Association of America）的董事会成员，她认为女性是雪茄的下一个大市场，而且这个数字还将增长。朱莉·罗斯是圣莫尼卡的乔治·桑协会（George Sand Society）的联合创始人，这是一家面向女性（和男性）的雪茄俱乐部，如今在曼哈顿有一个分会。她对雪茄的兴趣是由一位欧洲朋友激发的，她认为在咖啡馆或餐后抽雪茄是再自然不过的——这不仅仅是在模仿男性。毕竟，意大利的女性经常抽雪茄，而且荷兰和丹麦的女性吸烟人数众多。圣莫尼卡的乔治·桑协会里大约有三分之二是女性。有趣的是，女性会带着她们的丈夫和男性朋友参加晚宴，并向他们介绍雪茄的乐趣。莫莉·格里森是旧金山的一名房地产经纪人，也是旧金山湾区派对的组织者。她会在该市的阿尔弗雷

乔治·桑抽雪茄是因为她喜欢，穿得像个男人是因为衣服舒服，能让她从不同的角度观察人性。（Culver Pictures）

德·登喜路商店和赛普拉斯俱乐部餐厅召集女性雪茄爱好者。格里森在她的钱包里放着一个雪茄剪，并记录下所抽的每支雪茄。她说，女性不能再把抽雪茄看作是在践踏神圣的男性地盘。"抽雪茄就像一场对话，它在不断被重新定义和分享。"虽然她抽雪茄是为了享受雪茄本身的乐趣，但她承认，"雪茄对男人来说就像一块磁铁，对我却没有相同的吸引力"。

许多著名的喜剧演员都养成了抽雪茄的习惯。已故的露西尔·鲍尔喜欢雪茄，贝蒂·米勒也享受这种乐趣。女演员乌比·

1994 年，麦当娜在大卫·莱特曼脱口秀上大放异彩。（AP Photo/ Wide World Photos）

戈德堡在十几岁时就开始抽廉价雪茄，但随着电影演艺事业的成功，她开始抽高希霸和大卫杜夫 80 周年纪念版，这是大卫杜夫为了庆祝季诺·大卫杜夫先生 80 岁生日而推出的纪念品。《雪茄客》杂志的封面女郎、超模琳达·伊万格丽斯塔承认自己是个雪茄迷，但是是轻量级的："我喜欢高希霸·罗布图（Cohiba Robusto），却不能随心所欲地消费。"1994 年，麦当娜在大卫·莱特曼脱口秀上抽了一支大雪茄，但纯粹主义者质疑她是真的喜欢雪茄，还是仅仅为了抢夺另一位更知名的雪茄爱好者的风头（莱特曼本人现在不再被允许在镜头前吸烟）。莎朗·斯通、黛咪·摩尔、艾伦·巴金和朱迪·福斯特也都是雪茄爱好者。

实际上，直到 19 世纪，雪茄和烟斗才成为男性的"性别特异标志"。前往哥斯达黎加的英国旅行者约翰·科克伯恩于 1735 年写道："这些先生给了我们一些雪茄烟叶……这些烟

《琪琪》中的莱丝莉·卡隆和罗伯特·乔丹，1958 年。（Corbis/
Bettmann）

叶卷起来，既可用于烟斗抽吸，也可用于制作卷烟。这里的女士和先生一样，都非常喜欢吸烟。"

根据某些说法，在 18 世纪，美国和欧洲的男性和女性吸烟人数几乎相等。这种情况在 19 世纪发生了改

亚历山德拉·威姆斯（Alexandra Weems），《亚历山德拉偶尔吸烟》（*Alexandra's Occasional Puff*），1995 年，纸板上的水墨画，12×9 ¹/₂ 英寸。（Alexandra Weems, New York）

变，吸烟俱乐部在维多利亚时代是绅士的领地。不过，也有一些例外。阿芒丁·奥罗拉·露西·迪潘，杜蒂凡男爵夫人，她另一重声名远播的身份是著名小说家乔治·桑，同时也是一位有名的女性雪茄爱好者。还有梅特涅公主、动物画家罗莎·博纳尔和李斯特的情妇玛丽·达古（以丹尼尔·斯特恩的名义写作），她们都是烟草爱好者。美国女诗人艾米·洛威尔对第一次世界大战的来临感到非常惊恐，囤积了 10000 支菲律宾雪茄以备短缺 [马尼拉生产一些优质雪茄，包括伊莎贝拉之花（La Flor de la Isabela）。16世纪，西班牙水手将古巴烟草种子带到了这些岛屿]。

过去，抽雪茄的女性被视为古怪的人和性别反叛者。根据《香烟：一个人类痼习的文化研究》（*Cigarettes Are Sublime*，1993年）的作者理查德·克莱恩（Richard Klein）的说法："……抽雪茄的女人发出了一个信号，表明她拥有了在公共场合享乐的男性特权。因此，雪茄是吉卜赛人、女演员和妓女在公共场合展示性感的道具。"

人们会想到比才（Bizet）笔下厚颜无耻的女主人公卡门（Carmen），她在塞维利亚的一家雪茄厂工作，在城市广场肆无忌惮地吸烟。美国的邦妮·帕克（Bonnie Parker）抽雪茄、写诗、和克莱德·巴罗（Clyde Barrow）一起抢劫银行。20世纪30年代，玛琳·黛德丽（Marlene Dietrich）穿着男士服装，并与她的好

电影明星爱德华·罗宾逊和他的妻子在上火车之前抽着雪茄、讲着笑话。（Culver Pictures）

雪 茄

摘自《未婚妻》(*The Betrothed*)

"你必须在我和雪茄之间做出选择"

——鲁德亚德·吉卜林，《歌曲类纂》

(*Departmental Ditties*)，1886 年

打开旧雪茄盒，给我来瓶古巴黑啤，
因为有了分歧，玛姬和我结束了。

我们为哈瓦那吵架——我们为一支优
质雪茄争斗，
我知道她很苛刻，她说我是个畜生。

打开旧雪茄盒——让我考虑一下；
在柔和的蓝色烟雾中凝思着玛姬的面容。

玛姬长得很漂亮，她是个可爱的姑娘，
但最美的脸颊也会起皱纹，最真挚的
爱情也会消逝。

（Woodfin Camp,
New York）

拉腊尼亚加雪茄里藏着平和，亨利·克莱雪茄里藏着宁静；
但最好的雪茄也会在一小时内抽完并被丢弃——

丢弃它，拿起另一支完美、浓郁、棕色的雪茄——
但是我不能随便抛弃玛姬，因为我害怕镇上人们的闲话！

玛姬，我的妻子，到五十岁时——头发花白，了无生气，沉
沉老去——

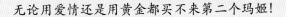

无论用爱情还是用黄金都买不来第二个玛姬！

曾经的光明已经变成黑暗，
爱的火炬难闻而且陈腐，就像一个熄灭的雪茄蒂。

一个你不得不留在口袋里的雪茄蒂——
尽管它已焦黑，不能点燃，但你永远不能抽一支新的！

打开旧雪茄盒——让我考虑一下；
这是一支柔和的马尼拉雪茄——有着妻子般的微笑。

哪个更好——买来戴着戒指的束缚，
还是五十名用丝带束在一起的深肤色美人组成的后宫？

律师们狡猾而沉默——安慰者真诚而努力，
而这五十人中，绝不会有一个会嘲笑作为对手的新娘。

清晨的关怀，悲伤时的慰藉，
寂静黄昏时的平和，临终前的安慰，

这是这五十人会给我的，不求回报，
只带着殉情者的激情——尽自己的职责，燃烧。

这是这五十人会给我的。当她们耗尽生命并且死去，
又会有五倍的五十人来做我的仆人。

遥远的爪哇的烟田，加勒比海的岛上，

当他们听说我的后宫空了，就会再次为我送来新娘。

我不用操心她们的衣饰，也不用顾虑给她们食物，
只要海鸥还在筑巢，只要阵雨还在下。

我要用最好的香草来薰染她们，用茶水来滋润她们的皮肤，
听过关于我的新娘的传说的摩尔人和摩门教徒会心生嫉妒。

玛姬给我写了一封信，让我做出选择，
在这卑微呜咽的爱情和天赐的伟大尼古丁之间。

我做爱情的仆人才不过一年，
但我做古巴雪茄的教徒已经七年；

我点燃雪茄，为了友谊，为了快乐，为了工作，为了战斗，
单身时的忧郁被快乐的火光点亮。

我把目光转向玛姬和我的未来，
但是那片沼泽里唯一的光亮是难以捉摸的爱。

它会使我平安度过旅程，还是让我陷入泥潭？
既然一口烟气就能使它模糊不清，我还应不应该追逐那忽明
忽暗的火焰？

打开旧雪茄盒——让我再次考虑——
老朋友们，玛姬是否值得我把你们抛弃？

> 有一百万个玛姬愿意背负枷锁；
> 女人只是女人，一支好雪茄却是一次吐雾吞云。
>
> 点燃另一支古巴雪茄——我坚守我的第一个誓言。
> 如果玛姬不愿有对手，我也不会娶她做配偶！

友欧内斯特·海明威一起在斯托克俱乐部抽雪茄。此外，法国小说家科莱特（Colette）也热爱雪茄。

自从人们抽雪茄以来，雪茄就一直是女性的敌人。在鲁德亚德·吉卜林（Rudyard Kipling）的著名诗歌《未婚妻》（*The Betrothed*，1886 年）中，一位年轻女子对她的未婚夫说："亲爱的，你必须在我和雪茄之间做出选择。"最后，男人确实做出了选择，并说："女人只是女人，但是一支好雪茄是一种灵魂。"吉卜林的意思真的像听起来那样，是简单的性别歧视吗？也许吧，但它也很容易被女人拿来形容一个男人——你不能指望异性永远为你提供幸福和快乐。

古斯·海因策（Gus Heinze），《霓虹雪茄 #293》（*Neon Cigars #293*），1995 年，石膏板丙烯画，18×22 英寸。（Modernism Gallery, San Francisco）

1927 年午后吸烟俱乐部的德国女性。（Bettmann Archive）

第七章
雪茄的选择与品吸

"……我向自己保证，如果有了钱，我会每天在午餐和晚餐后抽一支雪茄。这是我唯一坚持的少时决心，也是唯一实现的未曾破灭的抱负。"

——萨默塞特•毛姆（Somerset Maugham），

《写作回忆录》（*The Summing Up*）

没有完美的雪茄，但通过实践，你会找到适合你的雪茄。如何开始？积极参与。去一个有雪茄储藏室的烟草店，挑选一些雪茄。鉴赏力可以在反复试验中不断提高。我的建议是从中等价位开始直到最高价格，只购买完全手工制作的雪茄。你可能偶尔会被较小的品牌所吸引，但如果你追求质量，请放弃所有的机制雪茄。

如果是在美国以外的商店，你可以买到古巴货。请记住就在那里抽，否则可能会与美国海关发生冲突。首先，看雪茄盒子。在过去，"Hecho a Mano"一词的意思是完全手工制作的雪茄，而"Hecho a Cuba"表示机制雪茄。如今情况不再如此，"Hecho a Mano"可能意味着茄芯和茄套是机制的，只有茄衣是手工卷制的。记住，只接受"Totalemente a mano"。

1997年，位于伦敦杜克街31号的第一家阿尔弗雷德·登喜路店铺。
（The Alfred Dunhill Archive Collection）

  顶级品牌的大尺寸雪茄，例如丘吉尔（Churchill），通常制作精良，即使包装在铝管中也会经过严格的检查。但较小尺寸的雪茄——即使是标着像乌普曼（H. Upmann）或罗密欧与朱丽叶（Romeo y Julieta）这样的大名的盒子——也不会像"裸体"包装的盒子那样被制造商仔细检查。它们的颜色和质量可能并不。你可以要求检查雪茄，即使这意味着需要让销售人员打开盒子。实际上，你本就应该在购买之前检查雪茄盒。当一支雪茄在你手指间滚动时，它应该不易变形，同时具有足够的湿润度和弹性，受压后可以恢复原状，并且茄衣不会以任何方式破损。请拒绝含有大叶梗、变色或有斑点的雪茄。

另一个试验的好地方是拥有邮购目录的商店。最有趣的是北卡罗来纳州的斯泰茨维尔的雪茄供应商卢·罗斯曼，他总是滔滔不绝地给你讲笑话，并提供优质雪茄。我也喜欢坦帕市的汤普森烟草店和田纳西州诺克斯维尔的"冒烟的乔"烟草店。

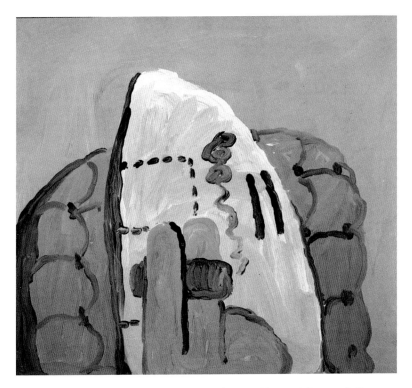

菲利普·加斯顿（Philip Guston），《无题（抽烟图）》[*Untitled*（*Figure Smoking*）]，1969 年，丙烯画，24×26 ½ 英寸。（Private Collection, London/Courtesy Mckee Galley, New York）

或者致电知名雪茄店，例如曼哈顿的纳特·谢尔曼、洛杉矶的大卫杜夫、华盛顿的乔治敦烟草公司或旧金山的阿尔弗雷德·登喜路。洛杉矶的汉米尔顿、旧金山的西部烤架和纽约的莱克星顿书社酒吧等雪茄吧也提供盒装雪茄。

雪茄有不同的尺寸，常采用以英寸为基准的环规测量。因此，42 的环径对应的雪茄直径为英寸。大环径雪茄的口感更浓郁顺滑。在学习品尝雪茄的初始阶段，可以从口感温和的小雪茄开始，例如麦克纽杜或好友蒙特雷。从温和到浓郁的雪茄，让你的味蕾对不断增加的味感产生反应，就像葡萄酒饮用者一般从霞多丽（Chardonnay）开始，直到波尔多（Bordeaux)结束。马杜罗色（Maduro）的茄衣含糖量较高，通常味道微甜且有浓郁的辛辣味，我个人最爱这种雪茄。

优质的哈瓦那雪茄在卷制前要经过三段发酵，在放入雪茄盒后还会继续发酵，就像优质

一个镶有纯银字母的定制紫檀木雪茄盒，由彼得·里德（Peter Ridet）于 1995 年为旧金山的托斯卡咖啡馆打造。（里克·保伦摄）

摘自《马克·吐温自传》

整整三个月，我都没有抽雪茄，那种犯烟瘾的苦恼不是言语所能形容的。九岁的时候我就开始抽雪茄了——头两年只是偷偷地抽，两年以后公开地抽——换句话说，我在父亲死后便开始公开抽雪茄了。在离家门口三十步的地方我就可以非常快活地抽起雪茄来。我现在已经记不起那雪茄是什么牌子的了，或许不是什么上等雪茄，否则先抽的人不会这么迅速地把它扔掉。不过我感觉这种雪茄烟已经是最好的了。如果先抽它的人有三个月没有抽一口雪茄，

（Bettmann Archive）

那么他的想法就会跟我一样。我在抽烟屁股的时候一点羞愧的感觉都没有。如果是在今天，我会感到惭愧，因为现在比那时候要文雅些。不过我还是会抽。我了解自己，也非常了解人类，因此知道自己会这么干。

那个年代，本地雪茄特别便宜，任何人都买得起。加思先生开办了一家大型烟厂，为了零售自己的产品，还在村子里开了一个小店。他有一个牌子的雪茄非常便宜，甚至最穷的人都买得起。他将这种牌子的雪茄积存起来，放了好多年，虽然外表看起来不错，内里却腐烂成灰，如果把它掰开，便会有东西像一股烟雾那样飞出来。这个牌子特别便宜，所以非常流行。

　　除此之外，加思先生还有一些其他牌子的便宜雪茄，其中有些品质较差，里面最糟的牌子可以通过它的名字看出来。它的名字叫作"加思的讨厌货"。我们经常用旧报纸来换这种雪茄。

　　村子里还有另外一个小店，它对于身无分文的孩子来说是很友好的。那是一个孤单且愁眉苦脸的驼背小个子开的。不管他是否需要，只要我们从村子里为他提一桶水，就总能得到一些雪茄烟。有一天，我们发现他按照老习惯坐在椅子上睡着了，便也按照我们的习惯耐着性子等他醒来。不过我们没有想到这一回他睡得太久了，以至于到最后我们都失去了耐性，于是试图弄醒他——可是他却死了。我至今还记得当时我们那惊恐的样子。

　　的葡萄酒一样。一家高品质雪茄店明白，如果要作为"新鲜"雪茄抽吸，最近卷制的雪茄应该在装箱后的几周内出售，否则至少要储存十二个月后再出售。此外，它们需要储存在雪茄盒中，以促进其成熟稳定。这很像博若莱新酒（Nouveau Beaujolais）和陈年的葡萄佳酿之间的区别，前者应该在生产后立即饮用，而后者则需要储藏。同样，正如一些葡萄酒在十年或二十年之后会变成醋，某些雪茄也只有十年保质期。相反的是，一些前卡斯特罗时代（pre-Castro）的古巴雪茄在今天品吸仍然很棒。

　　一旦选择好了雪茄，如果不想过于仓促，请预留出一个下午或晚上以保证至少有两到三个小时的空闲时间。你可以与朋友一起品吸以便于比较味觉。挑选两三支不同品牌的雪茄，试一试；只抽一半或更少，休息一下，然后再试一次。在抽吸雪茄的间隙可以尝试一点红葡萄酒、波特酒或干邑白兰地，抑或是柠檬果子露等新鲜食物来净化你的味觉。

如果是手工制作的雪茄，你需要在抽吸前剪开雪茄的头部，即封闭端。雪茄的茄标一般接近头部，点燃端被称为尾部。使用一把雪茄剪或"断头台"剪刀从顶部剪下 1/8 英寸——不要再继续剪了（我发现断头台使用时最为方便，而且很适合随身携带）。在必要时你可以使用一把锋利的刀甚至你的牙齿，尽管这通常是不受欢迎的，除了在西部沙龙中。有些人喜欢在雪茄头部切一个 V 形，或用尖刺在茄衣上戳一个洞（我不建议这样做）。你需要注意的就是避免撕裂茄衣；当你的雪茄太干或剪刀不够锋利时，茄衣可能会破损。

尤金•贝克（Eugene Beck），《雪茄搬运工》（*The Cigar Bearers*），1978 年，蚀刻版画，3 $\frac{1}{2}$ ×5 $\frac{1}{2}$ 英寸。（Modernism Gallery, San Francisco）

现在，你可以点燃雪茄了。过去有一种传统——用小火沿着雪茄烧去厚重的黏合剂，这是一些西班牙卷制工人用来固定茄衣的。如今已经没有必要这样做了，因为这种黏合剂已经被植物胶替换了。

用一根火柴就可以轻松地点燃尺寸较小的雪茄，但如丘吉尔雪茄，你需要做一些准备。在品吸之前，你需要把雪茄水平握在手中，让雪茄尾部在火焰上旋转几秒，直到它均匀燃烧。如有必要，可以重复两到三次（实际上，丁烷打火机或木刨花比火柴要好）。现在你可以将雪茄放入口中，轻吸一口。如果它仍没有被点燃，请继续使用火柴直至雪茄燃起。不要用太大的火焰点燃，否则会导致雪茄燃烧太快并且过热，这会影响雪茄的口感。

不要将雪茄的烟雾吸入肺里，否则你会剧烈咳嗽。雪茄烟应该在口中品尝然后释放，就像品酒师喝一口酒然后不加吞咽地吐出来一样。

是否需要取下茄标？法国诗人斯特芳·马拉美（Stéphane Mallarmé）回忆上世纪与父亲共进午餐时的情景："饭后，他拿出几盒闪闪发光的雪茄：瓦勒（Valle）、克莱（Clay）、乌普曼（Upmann）。打开这些盒子时，我联想到了舞女。随后我取下了茄标，因为这就是我要做的事情。"英国礼仪也要求取下茄标。当你从雪茄盒中挑选好了一支雪茄后，许多餐厅会帮你取下茄标。而在德国，人们则习惯留着茄标。大多数美国烟草商会告诉顾客，是否取下茄标是自愿的。季诺·大卫杜夫称

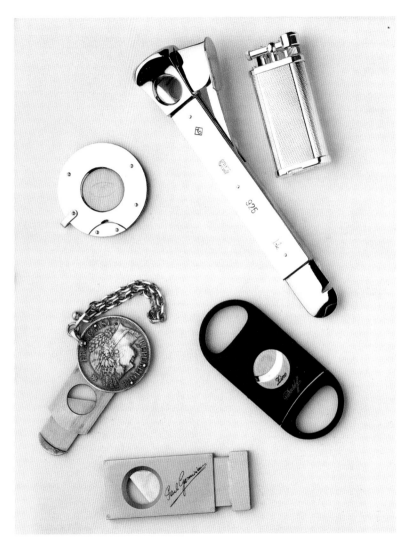

保罗·加米利安（Paul Garmirian）和埃洛伊·拿破仑（the Eloi Napoleon）的雪茄剪都来自乔治敦烟草公司；季诺双柄黑色雪茄剪来自日内瓦的大卫杜夫，而不锈钢圆盘雪茄剪、贺曼（Hallmark）大型雪茄剪和标准打火机则来自阿尔弗雷德·登喜路。（里克·保伦摄）

这是"个人选择"。他过去常常在雪茄点燃后才取下茄标。《雪茄鉴赏手册》(*The Cigar Companion*)的作者安瓦尔•巴蒂(Anwer Bati)对此表示赞同，他建议在雪茄加热到足以软化黏合剂后再将茄标取下，这样可以在不撕裂茄衣的情况下将其剥落。"无论如何，"曾经是感觉主义者的大卫杜夫写道，"裸露的雪茄更有吸引力。"

无论你在哪个国家或地区，只要有人为你提供一支带茄标的雪茄，如果你愿意的话，留下它吧。雪茄茄标是生活中最美丽的印刷设计元素之一，发烧友喜欢看着它们，就像他们看着酒瓶标签一样。在雪茄的世界里，这很容易被人认为是在装模作样，但归根结底还是取决于你是否热爱雪茄。

雪茄应该牢牢地含在嘴里，但不要咬紧牙关、咀嚼末端或流口水。正如《雪茄迷》的乔治•布莱曼曾经说过的："如果你亲吻雪茄，它也会回吻你；如果你把它当狗一样对待，它会转身咬你。"尽量不要让雪茄因唾液而变得太湿，以避免让你的同伴看到这令人反感的场景。忘记雪茄烟嘴，它们是荒谬的。正如大卫杜夫所说："你想用吸管喝一杯好酒吗？"慢慢抽，每分钟不超过两口，以免雪茄过热，使味道变酸。根据尺寸的不同，一支雪茄的抽吸时间应该在三十分钟到一个半小时之间，通常抽吸 50 口。《烟斗与雪茄艺术》(*L'Art de fumer pipe et cigar*, 1849 年)的作者奥古斯特•巴泰勒米(August Barthélemy)指出："真正的烟民不会模仿维苏威火山。"换句话说，雪茄在你手中或烟灰缸中停留的时间应该比在你嘴里

玻利瓦尔(Bolivar)是古巴最著名的品牌之一,是以领导委内瑞拉、哥伦比亚、巴拿马、厄瓜多尔、秘鲁和玻利维亚独立战争的革命领袖命名的。(里克·保伦摄)

的时间长。正如大卫杜夫所说的那样："抽雪茄不应该只用嘴，而应该用手、眼睛和精神。"

雪茄烟雾不要吸入肺部，而是在嘴里停留几秒钟，让舌头和上颚细细品味其丰富的香味。雪茄烟草含有的尼古丁比香烟少，燃烧起来更清爽，但它会使人产生轻微的陶醉或兴奋感（这是弗洛伊德和其他伟大的思想家在写作时抽雪茄的原因之一）。雪茄前半段的味道总是最好的，尼古丁含量最低；当雪茄燃烧成滚烫的烟头时，会产生更强烈、可能令人不太愉快的烟气和焦油。

关于烟灰，众说纷纭。有人认为烟灰起到了恒温器或散热器的作用，使雪茄燃烧起来更清爽。实际上它并没有这种作用。除了看起来很漂亮之外，它没有任何意义。长而均匀的烟灰通常表明雪茄结构良好，但是不要残留太多；让它在烟灰缸中自然脱落，而不是像抽香烟那样敲落它。

19世纪30年代的德国雪茄广告。
（Deco Deluxe, New York）

辩护律师克拉伦

吸烟王国的派对狂：巴那比·康拉德三世、马丁·穆勒、道格·比德贝克、肯德尔·康拉德、安德烈·格莱斯伯格、史蒂夫·沃辛顿和狮子约瑟夫。（里克·保伦摄）

大卫·林利为阿尔弗雷德·登喜路制作的细木和纯银烟灰缸，大卫·林利的雪茄盒以及阿尔弗雷德·登喜路的优质打火机。（里克·保伦摄）

斯·达罗是一位狂热的雪茄客，通常会让人想起正义事业与公平竞争。在对方律师进行结案陈词时，他会用自己的烟灰分散陪审团的注意力。在点烟之前，他会用细钢丝纵向穿过雪茄，以此支撑与初始雪茄几乎一样长的烟灰。达罗在陪审团面前举着它，同时

罗伯特·格罗斯曼（Robert Grossman）绘（©1996 *The New York Times*）

假装全神贯注于对手的陈述，分散陪审员的注意力，他们都在等待那难以置信的烟灰会在什么时候落下，几乎没有注意手头的案件。

想要熄灭雪茄，只需将其放入烟灰缸中，它会在一到两分钟内自动熄灭。没必要碾碎它。熄灭的雪茄散发出的香气远没有燃烧的雪茄吸引人，因此即使你打算再抽一支，也应迅速处理掉它。喝一杯饮料让你的口腔焕然一新，等待几分钟，然后再点燃下一支。正如尤金·马桑（Eugene Marsan）在《雪茄》（*Le Cigare*）中所述："同时品吸两支雪茄，就暴露了灵魂的痴迷或

残忍。"

按照传统建议，你可以在早上和下午抽较温和的雪茄，晚餐后再抽味道浓郁的雪茄。颜色较浅的雪茄，例如科那罗（claro）和科罗娜多·科那罗（colorado claro），通常比用科罗娜多（colorado）、马杜罗（maduro）或沃斯古罗（oscuro）茄衣制成的雪茄更温和。有一种浅绿色的雪茄被称为双科那罗（double claro）或科那西斯莫（clarissimo），但不要误以为它一定是"新鲜"或最近卷制的雪茄。它只是一种轻薄的雪茄烟叶，在生长和采摘过程中经过特殊处理。虽然它的茄衣是浅绿色的，但其内部的茄芯颜色会更深些。马杜罗通常存在于烟株的上部——在那里它

巴那比·康拉德三世，《蓝色雪茄》，巴黎，1993年，纸面水粉画，21×14¹/₂英寸。（Modernism Gallery, San Francisco）

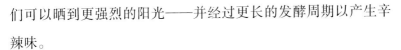

们可以晒到更强烈的阳光——并经过更长的发酵周期以产生辛辣味。

与某些人所说的相反，如果雪茄熄灭了，可以重新点燃它，但通常只有在还没有抽到一半的情况下才可以。如果雪茄真的熄灭了，就敲掉灰烬，用火柴甚至你的车钥匙抹掉烟头，将它放置在火焰上方点燃，然后继续品吸（另一方面，雪茄不应该在第二天再进行品吸，这是因为它在初次点燃的几小时后就会变质）。如果雪茄很难抽吸，或者在你抽完三分之一之前就已经熄灭了两三次以上，那它可能是卷得太紧了。把它扔掉，再试一个。

抽雪茄时应该配什么饮品？多年来，厨师和品鉴专家一直在为雪茄搭配不同的饮料。传统的最爱是波特酒、葡萄酒、白兰地和干邑白兰地。在炎热的天气，一杯冰凉的淡啤酒也很不错。对于那些钟情于无酒精饮料的人，可以试试精心调制的浓缩咖啡或鲜榨果汁。

伯纳德·勒·罗伊（Bernard le Roy）和莫里斯·斯扎法兰（Maurice Szafran）在他们的著作《图解雪茄历史》（*The Illustrated History of Cigars*，1993 年）中指出，许多法国厨师将特定的雪茄与特定的葡萄酒搭配在一起。例如，法国风味研究所的创始人雅克·普赛斯（Jacques Puisais）认为世界之王（EI Rey del Mundo）雪茄与教皇之堡（Chateauneuf-du-Pape）白葡萄酒的搭配就是完美的。图尔的著名厨师让·巴德声称，理想的组合是好友蒙特雷（Hoyo de Monterrey）雪茄与琼瑶浆

（Gewurztraminer）的果香。伟大的季诺·大卫杜夫先生还曾为侯伯王庄园（Chateau Haut-Brion）、拉菲（Lafite）、玛歌（Margaux）和木桐（Mouton）系列红酒配制雪茄。他将一种极其温和的雪茄命名为唐·培里侬（Dom Perignon）香槟王。

至于鸡尾酒和利口酒，我咨询了曼哈顿彩虹屋的饮料经理戴尔·迪葛夫（Dale DeGroff），他喜欢在餐前抽一支雪茄，经常将蒙特克里托雪茄与曼哈顿鸡尾酒或陈年的波本威士忌搭配。晚餐后，迪葛夫最喜欢的是阿图罗·富恩特（Arturo Fuente）的 OpusX 系列雪茄或古巴荣耀（la Gloria Cubana）雪茄配上陈年的阿玛涅克葡萄酒（Armagnac）。美国的苏格兰麦芽威士忌协会主任罗伯特·罗斯伯格（Robert Rothberg）博上则偏爱 OpusX 雪茄搭配麦卡伦（The Macallan）或本尼维斯（Ben Nevis）等在雪利桶中成熟的威士忌。这位博士还将印第安人（Los Indios）雪茄与高原骑士（Highland Park）威士忌等经典奥克尼品牌以及著名品牌利弗罗伊格（Lephroig）、拉加维林（Lagavulin）威士忌相搭配。

不同的雪茄尺寸差别很大。有史以来最小的哈瓦那是玻利瓦尔制造的科罗娜，名为德尔加多（Delgado），它只有一又四分之一英寸长；而最大的雪茄则是巴拿特拉（Panatella）雪茄，长度超过了十九英寸。在第二次世界大战之前，亨利·克莱公司生产了一种超过六英尺长的巨型哈瓦那雪茄，被称为科依诺尔（Koh-I-Noor）。它被赠送给印度王公，现在在德国本德的烟草博物馆展出。

伟大的墨西哥艺术家迭戈·里维拉（Diego Rivera）于 1916 年在巴黎绘制了这颗立体主义的宝石，《静物与雪茄》（*Still Life with Cigar*）。请注意带有法国三色带的雪茄。（Private collection/Art Resource, New York）

威廉·P. 戈特利布（William P. Gottlieb），《"狮子"威利·史密斯 #A》（*Willie "The Lion" Smith #A*），1946 年，纽约。（©W. P. Gottlieb, Library of Congress/Gershwin Fund）

在我看来，像德尔加多这样的小雪茄就像感恩节时喂养麻雀一样不友好。如果你想要一支小雪茄，可以试试小皇冠（Petit Corona），它大约 3 英寸长且足够浓郁以提供良好的风味。关于一个男人是否应该根据他的体型选择雪茄尺寸，其中有很多争论。保罗·加米利安说一个矮胖的人不应该抽一支巨大的丘吉尔雪茄，因为这会使他显得矮小；大个子也不应该根据喜好随意选择雪茄尺寸。

5.5 英寸长的科罗娜是理想的雪茄尺寸。我们从科罗娜转向朗斯代尔（Lonsdale）——它有逾六英寸长——这对想要长雪茄烟的人来说是非常典型的尺寸。爱德华七世、丘吉尔和法鲁克（Farouk）国王都偏爱双科罗娜，它有八到九英寸长。艾南奇尔·史蒂夫·沃星顿（Financier Steve Worthington）说，在遇到艰难的谈判时，他会在第一个小时抽一支小雪茄，然后点燃"坚实的像火箭一样的丘吉尔雪茄"，让对方知道他精力旺盛。我个人喜欢独特的锥形金字塔型雪茄。

为了妥善保管雪茄，你需要一个雪茄盒。根据需要，雪茄盒的尺寸可以从剃须工具包大小到步入式衣帽间那么大。重要的是将雪茄的温度保持在 68—72 华氏度，湿度保持在 60%—72%。在必要时，你可以使用木制雪茄盒本身来养护雪茄，方法是取出雪茄盒底部的一支雪茄，换上两端开口的玻璃管，在里面塞满潮湿的海绵，这在高端雪茄店都可以买到。海绵应该每月湿润一次。一支已经过干的雪茄可以通过在雪茄盒里养护几周得以恢复，注意不要把雪茄放在湿度太高的地方。任何情况下都不要把雪茄放进冰箱，不管是包裹在盒子里还是放在塑料袋中。

　　一般来说，雪茄盒是由胡桃木或橡木制成的几乎不透气的盒子，内衬为上等雪松木。它们的价格从 200 美元到 5000 美元不等，例如伊丽莎白女王的侄子林利勋爵制作的艺术品，在阿

　　林利勋爵（Lord Linley，玛格丽特公主的儿子）设计了这款巧妙的雪茄盒，以此向伊尼哥·琼斯（Inigo Jones，1573—1652 年）的建筑致敬。林利雪茄盒由阿尔弗雷德·登喜路独家销售。（The Alfred Dunhill Archive Collection）

约翰·雷吉斯特（John Register），《尤金》（*Eugene*），1995 年，布面油画，18×18 英寸。（Modernism Gallery, San Francisco）

尔弗雷德·登喜路出售。威斯康星州拉辛市的 J.C. 彭德加斯特也曾以合理的价格生产了一些优质雪茄盒。

许多上等雪茄是装在铝管里出售的。铝管可以放在外套口袋中，便于随身携带雪茄，但不利于储存。保罗·加米利安把乌普曼和罗密欧与朱丽叶雪茄放在铝管中，一年后对它们进行测试，发现品质下降了。但令人高兴的是，把它们重新放在雪

1963 年马塞尔·杜尚（Marcel Duchamp）在洛杉矶县立博物馆。
（Julian Wasser, LosAngeles）

茄盒里养护，它们可以恢复如初。因此，当你购买铝管雪茄后，要立即将它们从管中取出，并放入雪茄盒中。

　　雪茄礼仪自然会考虑到不喜欢雪茄的人。何时何地抽雪茄？"没有什么比拥有一个可以随心所欲地在地板上扔雪茄烟蒂更令人愉快的地方了，而且不必担心女仆像哨兵一样等待着将烟灰缸放在灰烬将要落下的地方。"菲德尔·卡斯特罗在他的《狱中来信》中写道。除非你最终被关进古巴监狱或在戈壁沙漠露营，否则你不太可能拥有这样的自由。想知道什么时候适合抽雪茄是

曼雷（Man Ray），《老年马塞尔（安塞尔米诺 20）》[Old Marcel（Anselmino 20）]，1972 年，出自作品集《克里斯托弗·哥伦布和马塞尔·杜尚纪念碑》（Monument à Christophe Colomb et à Marcel Duchamp），125 版，腐蚀凹版画，10×9 $\frac{7}{8}$ 英寸。图中雪茄烟雾拼写为"rrose"，对应的是超现实主义艺术家杜尚的双关语"Rrose Selavy"。（Modernism Gallery, San Francisco）

有一定困难的。在私人住宅或餐厅时记得提前询问，你可能要做好准备必须出去或回家之后才能抽，然后就可以按照爱德华七世的不朽名言采取行动："先生们，你们可以抽烟了。"

　　我将借用萨克雷的著作《名利场》中的一句话来结束这本书："我完成了——付清账单，给我买支雪茄。"

马克·亚当斯（Mark Adams），《雪茄盒》（*Cigar Boxes*），1996年，水彩画，21 $\frac{1}{2}$ ×23 $\frac{1}{2}$ 英寸。（John Berggruen Gallery, San Francisco）

参考文献

Auster, Paul. *Smoke & Blue in the Face: Two Films.* New York: Hyperion, 1995.

Bati, Anwer. *The Cigar Companion.* Philadephia: Running Press, 1993.

Cigar Aficionado, Vol. 1-4, 1992-1996. New York: M. Shanken Communications, Inc.

Davidoff, Zino. *The Connoisseur's Book of the Cigar.* New York: McGraw Hill, 1969.

Davidson, Joe. *The Art of the Cigar Label.* Edison New Jersey: The Wellfleet Press,1989.

Edmark, Tomima, *Cigar Chic.* Arlington, Texas: The Summit Publishing Group, 1955.

Garmirian, Paul B.K. *The Gourmet Guide to Cigars.* McLean, Virginia: Cedar Publications, 1990.

Hacker, Richard Carleton. *The Ultimate Cigar Book.* Beverly Hills California: Autumngold Publishing, 1993.

Infante, Cabrera G. *Holy Smoke.* London: Faber and Faber, 1985.

Jiménez, Antonio Nuñez. *The Journey of the Havana Cigar.* Neptune City, New Jersey: T.F.H. Publications, Inc., 1988.

Le Roy, Bernard, and Maurice Szafran. *The Illustrated History of Cigars.* London: Harold Starke Publishers Limited, 1993.

我得到许可转载以下内容，在此表示感谢：

Holy Smoke, by G. Cabrera Infante. Copyright @1985 by G.Cabrera Infante. Reprinted with permission by Faber and Faber.

致　谢

感谢以下各位为本书写作提供的支持和帮助:

Martin Muller of Modernism Gallery; John Berggruen of the Berggruen Gallery; Dale DeGroff of the Rainbow Room; Nion McEvoy, Michael Carabetta, Charlotte Stone, and Christina Wilson of Chronicle Books; Curtis Post of The Occidental Grill; Michael Pelusi and Guiseppe Scimeca of Alfred Dunhill, San Francisco; Tyrrell Connor of Davidoff of Geneva, Larry Sherman of Nat Sherman International; Nissa Berkebile of Georgetown Tobacco; Carlos Fuente, Jr., and Fred Zaniboni of Arturo Fuente; Trinidad Cigar Emporio Ltd.; Dan Niccoletta, Tony Muller, Keith Lucero, and Ken Peterson of Grant's Tobacconists; Scott Rosner of Man's World; Jocelyn Clapp of The Bettmann Archive; Allan Reuben of Culver Pictures; Mike Pitkow of Ashton Cigars; Robert Wagg of The Cigars of Honduras; Sherwin Selzer of Danby-Palicio; Steve Wall of Thomas Hinds; Bill Sleig of Club Imports; Allan Edwards of Hollco Rohr; Aleli Calso of Lignum-2 Inc.; Rosita Boruchin of Mikes Cigars; Eric Gravell, Michael Caruso, Dennis Hill, and Ken Krone; Dr. Robert Rothberg; Jill Frish of *The New Yorker*; Adrienne Gordon; Duncan Chapman; Anthony Weller; Thomas Sanchez; Nelson Ramos; Karl Francis; Giorgio Arcangeletti; Christopher Hunt; Katya Slavenska; Gail Gordon; Molly Gleason; Winston Conrad; Andrei Glasberg; Steve Worthington; Howard Junker; Nancy Jarvis and Steve Farrand; Barnaby Conrad, Jr.; Jeannette Etheridge of Tosca Café; Morton's of Chicago; Mark Miller; DougBiederbeck; Rafe de la Guerroniere; Bill Getty, Gavin Newsom, and Kelly Phleger of Plump Jack. Special thanks to Rick Bolen for his photography and friendship.

1996 年，乔治·伯恩斯庆祝他的 100 岁生日。（UPI/bettmann）

约翰·科劳（John Colao），《三巨头Ⅰ》（*Triumvir* Ⅰ）（玻利瓦尔·隆斯代尔、蒙特克里斯托 2 号、高希霸·罗布图），1995，档案色调明胶银盐照片，14×11 英寸（Modernism Galley, SanFrancisco）

图书在版编目（CIP）数据

雪茄 /（美）巴那比·康拉德三世（Barnaby Conrad Ⅲ）著；四川中烟工业有限责任公司译 . -- 北京：华夏出版社有限公司，2022.1（2024.10 重印）
书名原文：The Cigar
ISBN 978-7-5222-0226-6

Ⅰ.①雪… Ⅱ.①巴… ②四… Ⅲ.①雪茄—基本知识 Ⅳ.① TS453

中国版本图书馆 CIP 数据核字（2021）第 238483 号

The Cigar

北京市版权局著作权合同登记号：图字 01-2021-6849 号

雪 茄

著　　者	〔美〕巴那比·康拉德三世
译　　者	四川中烟工业有限责任公司
责任编辑	霍本科
出版发行	华夏出版社有限公司
经　　销	新华书店
印　　装	三河市万龙印装有限公司
版　　次	2022 年 1 月北京第 1 版　2024 年 10 月北京第 6 次印刷
开　　本	880×1230　1/32
印　　张	5.25
字　　数	110 千字
定　　价	58.00 元

华夏出版社有限公司　　社址：北京市东直门外香河园北里 4 号　邮编：100028
网址：www.hxph.com.cn　电话：010-64663331（转）
投稿合作：010-64672903；hbk801 @ 163.com
若发现本版图书有印装质量问题，请与我社营销中心联系调换。